JN244490

こころにそっとよりそう

星空の話

コスモプラネタリウム渋谷
チーフ解説員
永田美絵

イースト・プレス

こころにそっとよりそう

星空の話

お待ちしていました。
あなたが来るのをずっと待っていました。

忙しいあなたがいつもがんばっていることは知っていますが、
ときには夜空を見上げてほしいと思っていたのです。

今夜はあなただけのプラネタリウムへようこそ。

人は昔、夜空に見える星を天上にはりついているものと考えていたそうです。
プラネタリウムの空はドームに星を映し出しているので、まさに星がはりついているように見えますね。

でも本当の空は、あなたの頭の上からずっとずっと宇宙に続いています。
宇宙の定義は、大気がほとんどなくなる高度100キロメートル。
あなたが見上げた空の100キロメートル先は宇宙です。

空を見上げれば、そこは遥かなる宇宙へつながっているということ。
あなたはそれを忘れて過ごしていませんか？

テレビを観れば国際宇宙ステーションで過ごす宇宙飛行士が出てきたり、インターネットを見るとブラックホールやビッグバンの話がされたりしていても、それは自分とは関係ない世界だって思って毎日を過ごしていませんか？

私たちは半径1メートルの世界で泣いたり笑ったりして、自分ってちっぽけな存在だって思っていることが多いのです。
あなたはどうですか？
私も昔はそんな風に思っていました。

天文学は人が最初に獲得した学問と言われています。

太陽が毎日東からのぼって南を通ること。
夜空の星が毎晩同じ場所でなく少しずつ傾くこと。
月が満ち欠けをしながら夜空を動くこと。
ときに、太陽が欠けたり、月が欠けたり、流れ星がたくさん飛んだり。

昔の人々にとっては神が天地を支配し、人間の世界にさまざまな事象をもたらしていると考えていました。
人間が「なぜだろう？」と考えていくことで、少しずつ私たちの世界は解き明かされてきました。

地球が自転をしていること。

太陽の周りを回っていること。

地球は広い宇宙の中にあること。

そして太陽も、地球からもっと離れた場所にある夜空の星々も、宇宙の中のただ一つの星に過ぎないということ。

天文学は私たちが生きている地球のことを宇宙から俯瞰して教えてくれるのです。


私たちが生きる世界はどんな場所なのだろう。

それを知ることは、あなたの人生を俯瞰して見ることかもしれません。

半径1メートルの世界から広い世界をあなたが見てくれたら、きっと毎日の世界の見え方が変わります。


私はそんなふうに思って、あなたにも星を見上げてほしいと思っています。

でも気負って星を見なくても大丈夫。

季節ごとにめぐる星座や、昔の人が伝えてきた神話、美しい天文現象。

今まで知らなかった星の世界にあなたが触れてくれて、世界が少しでも広がってくれれば嬉しいのです。
ただ綺麗な風景を見て少し笑顔になれば良いのです。
地球は美しい星。そして本当に美しい風景がたくさんあります。
さあ、それではあなただけのプラネタリウムで星の話をしていきましょう。

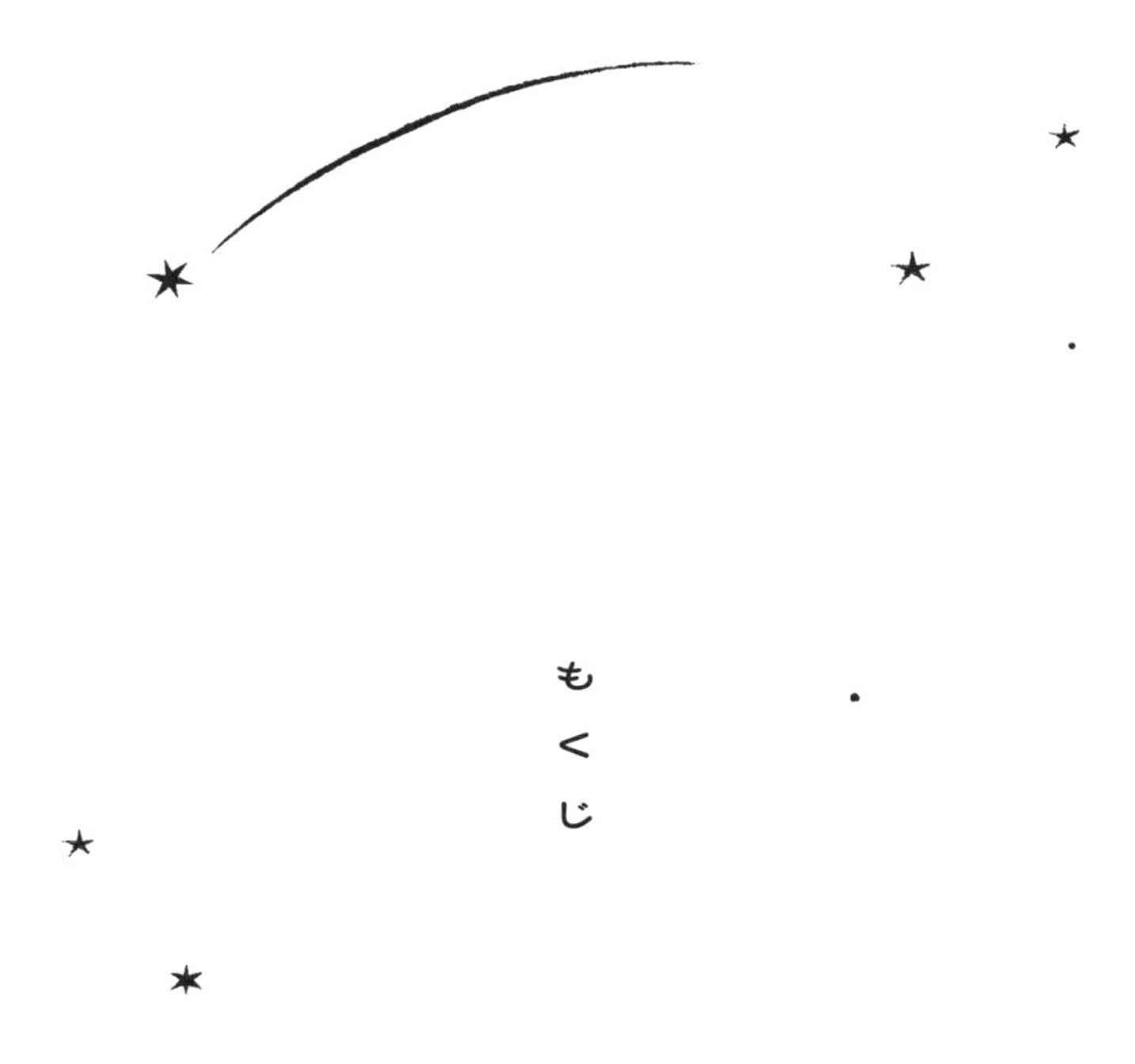

もくじ

夏の章

秋の章

冬の章

装丁・デザイン　アルビレオ
装画・イラスト　斉藤知子

春の章

✳ 5月中旬21時 東京の星空 ✳

国立天文台の資料をもとに作成

春を彩る星座

お誕生日の星座の探し方

寒い冬が過ぎて立春を迎えると、夜空の星々も春の星座で彩られていきます。

春の星座というと何座を思い浮かべますか？

もしもあなたのお誕生日が3月や4月ころなら、うお座やおひつじ座を思い浮かべるかもしれませんね。でも実はうお座やおひつじ座は春の星座ではなく、秋の星座。

実はどの季節でも、お誕生日の星座は、自分が生まれた日の宵空ではよく見えません。見ごろは誕生月よりも3か月くらい前の20時ころ南の空。

お誕生日の星座は「黄道(こうどう)十二星座」といいます。黄道とは、太陽が空の中を動く見かけの通り道です。

黄道上の星を結んで作られた星座が黄道十二星座。もとは暦作りのために作られました。お誕生日の星座を使って星占いをするようになるのは、それよりもずっと後のことです。

黄道十二星座の中でトップを飾るおひつじ座はとても大切な星座です。

黄道と地球の赤道が交わる点は2か所です。その場所を「春分点」と「秋分点」といいます。

春分点に太陽が位置する日が春分の日。星座ができたころのカレンダーは、太陽が春分点にきた日からスタートしたため、春分点はとても大切な場所でした。

そして春分点がかつて位置していたのがおひつじ座だったのです。「かつて」とはどういうことなのかは、またあとでお話しますね。

さて、そんなわけで春の星座の中でお誕生日の星座は、かに座、しし座、おとめ座あたりになります。

逆に言えば、かに座生まれの方は夏の宵空を探しても見つかりません。春に見つけてみてくださいね。

かに座を見つけるためには、空の綺麗な場所に行く必要があります。私はかに座生まれなのですが、高校生のころに初めてかに座を見つけました。かに座には暗い星が多く、明るい街の光の中では見つけることができない星座なのです。

それでも見つけたい場合は、4月の20時ころ、南の空高くにかに座が位置します。最初に西隣のふたご座を探して、その東隣（左側）を探すと良いでしょう。

かに座の甲羅にあたる付近には、星が集まったプレセペ星団という天体があります。プレセペは「飼い葉桶（ばおけ）」という意味で、ロバが飼い葉桶のエサに集まってくる様子に見立てたそうですよ。暗い星の集まりを、よくそんな風に想像したものです。

かに座の東隣にあるしし座は、都会の空でも見つかる星座です。目印はライオンの頭にあたる「?」（ハテナマーク）の左右を逆にした形。

心臓にあたる1等星の「レグルス」には小さな王様という意味があります。百獣の王ライオンの中の1等星ですからぴったりな名前ですよね。

優しいかに座

しし座とかに座の下には、うみへび座という88星座の中で一番大きな星座があります。

うみへび座は4月上旬の宵空に頭の星が南の空にやってきたら、同じ場所にしっぽの星が来るのが6月ころ。

なんと空のふちの四分の一ほどを覆う大きなうみへびなのです。こんなうみへび、実際にいたら絶対会いたくないですよね。


ギリシャ神話の中にはかに、しし、うみへびが登場する話が残っています。

ししは、ネメアの谷に住んでいた人食いライオン。通りかかる人を見つけては襲い掛かっていたため、村人は安心して暮らすことができませんでした。

この人食いライオンを退治しにきたのがギリシャ神話の英雄ヘルクレスです。よくヘラクレスと言われますが、星座では「ヘルクレス」と呼び、夏の星座になっています。

かに座

ヘルクレスは幼いころから力が強く、成長してからはギリシャに住んでいる怪物たちを倒すため12の冒険に出かけるのです。その最初の冒険が人食いライオン退治でした。

はじめヘルクレスはこん棒でライオンの頭を叩きますが、びくともしません。そこで三日三晩かけてライオンの首を締めあげ、ようやく退治することができました。ヘルクレスはその後も数々の怪物を倒し、やがてレルネの沼にやってきました。ここに住むヒドラを退治するためです。

ヒドラは頭が九つもある恐ろしい大蛇です。

ヘルクレスは矢を放ちましたが、ヒドラは矢をはじき返してしまいます。そこでヘルクレスは持っていた剣でヒドラの首を切り落としました。

ところがどうでしょう。なんとヒドラの首の付け根から新しい首がはえてくるのです。たちまちのうちにヒドラの首は何本にも増え続け、ヘルクレスに襲い掛かってきました。これではヒドラの首が増えていくばかりです。

そこでヘルクレスはたいまつの火でヒドラの切った首の付け根を焼いていきました。こうしてヘルクレスはヒドラの首をなくしていき、とうとう最後の1本になりました。しかし最後の首は不死身で、倒すことができません。そこでヘルクレスは大きな岩を落として動けないようにしました。

さて、この様子をとあるカニが近くから見ていました。カニは同じ沼に住んでいたヒドラの仲間だったのです。

ヒドラがヘルクレスに退治されそうになったのを見ていたカニはいても立ってもいられず、ヒドラを助けるためにヘルクレスに挑んでいきました。

しかしヘルクレスはヒドラと戦うのに精一杯でカニがやってきたことにまったく気が付きません。そしてあろうことかヘルクレスはかかとでカニを踏んづけてしまいました。

こんな結末、あまりにかわいそうではないですか？

かに座生まれの私は、この話を最初に本で読んだときはショックでした。もう少しかっこいい話ならよかったのにと思いました。かに座は見つけるのも難しいマイナーな星座の上に、ギリシャ神話でもぱっとしないのか……。

　ところがです。あるとき、プラネタリウムに来たお客さまが帰りがけにこんなことを伝えてくれました。

「私、かに座生まれなんですが、本当にかに座で良かったです！」

「えっ？　どうしてですか？」

「だって、かに座って友達想いの良い星座じゃないですか！」


　確かにその通りです。小さな自分がやられるのをわかっていて、勇者ヘルクレスに向かっていくなんて、なかなかできることではありません。このカニはかなりいいやつだったに違いありません。

　そんな風に思ってから、かに座の紹介をするときには、仲間想いの良い星座と言っています。


　春の夜空には、まだまだ見どころがあります。

　おとめ座は片方の手に麦の穂を持っていて、穂先にはスピカという青白い星が輝いています。スピカは日本では真珠星と呼ばれる星。戦時中に外国の呼び名を禁じられ

おとめ座

てスピカという名前が使えなくなったため、「真珠星」と名付けられたそうです。

スピカから近くの星をアルファベットのY字に結んだ星並びがおとめ座です。おとめ座は88星座の中ではうみへび座に次いで2番目に大きな星座。かなり大きなおとめですね。

ちなみに大きさランキングは3番目がおおぐま座なので、大きな星座ベスト3はすべて春の星座です。

春の星並びで私の一番のおすすめは「春の大曲線」。都会の空でも見えますので、ぜひ探してみてくださいね。

まず北の空に見える北斗七星を見つけてください。

七つの星がひしゃくく、水を汲む道具の形に並んでいます。北斗七星は星座でなくおおぐま座の背中からしっぽにかけての星並びです。梅雨の時期に北の空でひしゃくが大きく傾いて、中に入っている水がこぼれるように見えます。その水が雨をもたらし

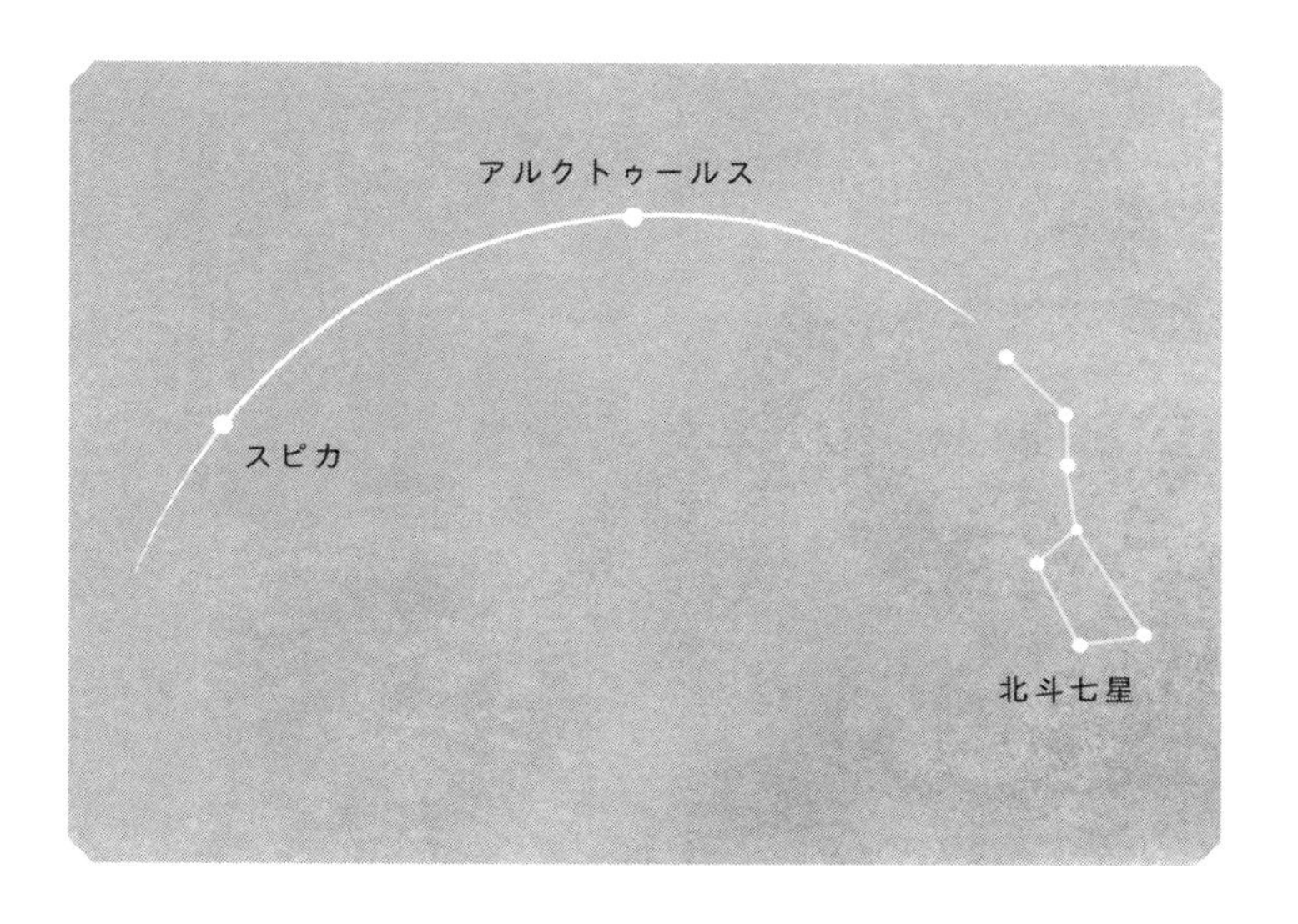

春の大曲線

ているようだということで、昔の人にとっては梅雨の到来を教えてくれる星だったようです。

北斗七星のひしゃくの柄の部分を結んでそのまま伸ばして大きなカーブを作ってください。うしかい座のアルクトゥールス、おとめ座のスピカと繋がります。これが春の大曲線。

夜空に浮かぶこの大曲線を大きく伸ばすと、本当に気持ちいいのですよ。夜空を見上げて、大きなカーブを作りながら大きく弧を描くと、広い夜空の中を飛んでいくよう。嫌なことも夜空の彼方に吹き飛ばしてしまえるようです。

この春の大曲線の最初に見つかるアルクトゥールスは、日本では麦の刈り入れ時に天高く見えるので「麦星」と呼ばれている星です。

ハワイでは「ホクレア」と呼びますが、これは「幸せの星」という意味。ハワイのポリネシアの人々はカヌーで長距離の航海をしていました。そのときに星を目印にしていました。その一つがホクレアです。

星の良いところは、昔の人と同じものを時代を超えて見ることができるということ。あなたが春の夜空で見上げるアルクトゥールスを、ポリネシアの人々も海の上から見ていたと想像すると不思議な気持ちになりませんか？

さて、先ほど「春分点がかつて位置していたのがおひつじ座」とお話ししましたが、これはどういうことでしょう。実は、現在の春分点はうお座に位置しています。

地球は地軸を中心に自転をしていますが、この地軸自体２万６０００年という周期で首振り運動をしているのです。これを歳差運動と言います。人の一生くらいではほぼわからない動きですが、数千年経つと夜空の星の位置が変わってしまいます。この歳差によって黄道十二星座の春分点の位置が変わってしまったのです。

そして実はお誕生日の星座は、もとは誕生日に太陽が輝く位置にある星座だったのですが、現在は歳差運動のため、自分のお誕生日の日に輝く太陽の位置には一つ前の星座があります。

毎日同じようで、でも実は地球は自転をしながら歳差運動をし、夜空の星座の位置が移り変わっていきます。

あなたの見上げる星空は正確なことをいうと、少しずつ移り変わっていく星空なのです。そう考えると、今夜見上げている星空や、悠久の時の中で今ここにあなたがいるということに奇跡を感じませんか？

おとめ座の神話

おとめ座の祈り

星座には、昔から伝えられている神話が残っています。神話を知っていると、きっと今まで見ていた夜空の印象が変わるのではないでしょうか？

おとめ座には正義の女神、アストライアの神話が残っています。
おとめ座は片方の手に鳥の羽ペンを持っていますが、これは人間の善悪を書き留めるために使うペンです。女神アストライアは人間の行いをすべて書き留めておいたそうです。

ギリシャに伝わる神話です。

その昔、この世界には「黄金の時代」と呼ばれた時代がありました。このとき、地上では神々と人間が一緒に幸せに暮らしていました。このころの世界は秩序が守られ、平和な時代だったのです。人々は仲良く助け合って暮らしていたため、正義の女神アストライアも穏やかに暮らしていました。

しかし黄金の時代が過ぎ、次の銀の時代になると人間の間で争いがおこるようになりました。人間の争いは減るどころか日増しに増えていきました。アストライアは人間の争いを止めるために走り回りますが、他の女神は人間たちに愛想をつかしてつぎつぎに天にのぼってしまいました。しかしアストライアだけは人間を信じて争いを止めるため毎日働きました。

やがて銅の時代に入っても争いは止まらず、とうとう大きな戦争がおこってしまいました。さすがのアストライアも、悲しみのあまり天へのぼってしまいました。地上には女神が一人もいなくなってしまったのです。

アストライアは今でも天から人間を見守っています。

いにしえの人々が争いを起こしてはいけないと伝えた正義の女神アストライアの神話です。この神話は今を生きる私たちに大事なことを問いかけているように感じます。戦争が絶えない現在の地球。夜空に輝くおとめ座のアストライアは、私たちを見て何を想っているのでしょう。人々が争わず、仲良く暮らしていける黄金の時代のような世界がくるのでしょうか。

春を告げる星

おとめ座の神話は他にもあります。

おとめ座はもう片方の手に麦の穂を持っていますが、これは農業の女神、デメテルを表しています。

女神デメテルにはペルセフォネという大変美しい一人娘がいました。二人は毎日仲良く暮らしていました。

ある日のこと、ペルセフォネが森で一人花を摘んでいると、黄金の馬車に乗った死の国の王ハデスが目の前に現れました。ハデスは美しいペルセフォネを好きになり、自分の花嫁にしたいと狙っていたのです。ハデスによってペルセフォネは死の世界へ連れていかれてしまいました。

いくら待っても戻らないペルセフォネを心配したデメテルは、すぐにペルセフォネを探し回りました。しかしペルセフォネはどこにも見つかりませんでした。娘を探す日々は続きます。

ある日のこと、デメテルは太陽の神ヘリオスから、ペルセフォネがハデスにさらわれたことを知らされます。これを聞いたデメテルは悲しみのあまり地上から姿を消してしまいます。愛するペルセフォネが死の世界にいるということは、もう帰ってくることがないと思ったからです。

農業の女神が地上からいなくなると、草花が枯れ、麦も実らなくなりました。人々は食べるものがなくなりました。

荒れ果てた大地。このままでは地上の人々は死に絶えてしまいます。これを見ていた大神ゼウスはこの事態を重く受け止め、一刻も早くペルセフォネを帰すようハデスに命令しました。さすがのハデスも大神ゼウスの命令には背くわけにはいきません。

ハデスは嫌々ながらもペルセフォネをデメテルのもとに帰す約束をしました。

さあ、待ちに待ったペルセフォネがデメテルのもとに帰る日がやってきました。ペルセフォネは心躍る気持ちで帰りの馬車に乗り込みました。そんなペルセフォネにハデスは「もしも途中喉がかわいたらこれを食べると良い」とザクロの実を渡しました。途中でペルセフォネはザクロの実を4粒食べました。それがハデスの悪だくみとも知らずに……。

やがて、ペルセフォネはデメテルのもとに帰ってきました。

また二人の幸せな暮らしが戻ってくる。そう思っていた矢先、デメテルはペルセフォネからザクロの実を食べたことを聞き、意識を失いそうになりました。死の国の食べ物を口にしたものは、その数だけ死の国で過ごさなければならない、という掟があったのです。

ハデスはそれを知らないペルセフォネを罠にはめたのです。ペルセフォネは1年のうちザクロの実4粒分の4か月を死の国で暮らさなければならなくなってしまいました。

こうして今でもペルセフォネは4か月間死の世界で暮らすことになりました。その間、デメテルは悲しみのあまり地上から姿を消してしまいます。デメテルが姿を消すと、その間地上は草木が枯れ、冬になるのです。

おとめ座は春の星座ですが、冬の間は地平線の下に隠れて見えません。春になり、ペルセフォネが戻ってくると、デメテルは夜空に現れます。そのころになると地上は草花が実り春になるのです。

星座には神話が伝えられていますが、その中にはさりげなく季節の移り変わりを教えてくれるような話が入っていることがあります。昔の人にとって星座はカレンダーのような役割も果たしていました。

おとめ座がのぼってくると、長い冬がようやく終わり春がやってくる。おとめ座は春をつげる星座なのです。

地球は春になると温度が上がり、花が咲き、春の雲が流れ、地上は色づきます。彩にあふれた世界になります。昔の人は星空の中にも春を想わせる神話を伝えたのです。

星座の神話は誰が書いたのかわかっていません。もとはバビロニアで誕生した黄道十二星座を、地中海貿易をしていたフェニキア人がギリシャへ伝えました。黄道十二星座とギリシャ神話が一緒になって、神話がなかった星座に神話が付けられたようです。それが広がっていき、さらにギリシャ神話に登場する神々の星座ができていきました。

しかし、こうして広がった星座神話が数千年経った今でも、伝えられ続けているのは素敵なことではないでしょうか。

当時の人がおとめ座を見上げて、何を想っていたのかはかり知れませんが、そこには平和を祈る気持ちが含まれていたように感じます。私は、星座は時代が経っても変わらないというところが好きです。

現在は全世界で88星座が決められています。その88星座は、世界中のどこでも夜空を見上げれば見ることができます。

当時と変わらず今夜も、いにしえの人々が見上げた星座を同じように見ることができる。それは一つの奇跡のように感じます。

星座は誰のものでもありません。裕福でも貧しくても、どの国に生まれても戦争の中でも、夜空に絵が描かれているわけでもないのに、心の中でその絵を思い浮かべることができる。それが星座です。

だからあなたが今夜、夜空を見上げたときには、星座を探してほしいと思うのです。

幸せになれる魔法

空を見上げる理由

太陽がゆっくりと西へ沈み、夕焼けに染まる空に1番星が見えはじめます。街の灯りや車のライトなど街明かりの多い場所でも明るい星は見えています。あなたも1番星を探してみてください。まだ薄暮が残る空に1番星が見つかりましたか？

1番星を見つけるこの時間に、私は必ず言うことがあります。

それは、夜空を見上げることは、心にとても良いということ。

脳科学を研究していらっしゃる篠原菊紀先生に伺ったのですが、人間は上を見上げていると落ち込むことができないそうです。しかし下を向いていると、過去のことや失敗したことなどネガティブなことを考えてしまうのだそうです。
人間の脳は上を見上げると、未来のことや成功したことなどポジティブなことを考えるそうです。また、五感をすべて使うとさらに良いとか。

空を見上げると雲が流れていったり、鳥が飛んだり、木々のざわめき、時期によっては虫の声が聞こえるかもしれません。心地よい風が吹いているかもしれません。そんな中で夜空を見上げること。それは心をリセットするとても重要な時間ではないでしょうか。

さらに美しい風景を見ることは心を元気にすることだと、私は思っています。目に映るものが、満員電車や渋滞の道路、殺風景なビル、足早に急ぐ無表情の人々。毎日人生の多くの時間をそのような中で過ごしていると、どうしても心が沈んでしまいます。そして多くの人はスマートフォンを見るために下を向いてしまいます。そうすると脳はネガティブなことを考えていき、さらに心が沈んでしまいます。

そんなとき、自分に新しい風景を見せてあげてはいかがでしょう。

どこに行くこともなく、無理することもなく、いつでもどこでもできること。それは空を見上げる、ということです。いつも通っている道から、自宅のベランダから、一人でも友人とでも家族とでも、ただ空を見上げて星をご覧ください。

空を見上げたその風景は地上とまったく違い、どこまでもどこまでも続く宇宙への窓です。その先には無限の宇宙が広がっているのです。目に見える星は数千個ですが、目に見えない星がまだまだ無数に広がっているのです。

そんな広大な宇宙の中の地球にいて、夜空を見上げている。そんなことを考えながら、ゆっくりと呼吸をして、自分の周りの音や吹き抜ける風、温度を感じてみてください。

心も身体も、この時点で前向きな気持ちになっているはず。少なくとも、下を向いているときよりも、きっと少しだけ自分の気持ちが上を向いているはず。夜空に綺麗な月が出ていれば、さらに気持ちが上がるはずです。

あるとき、心が沈んでしまうような辛い日がありました。そんなときにふと夜空を見上げると、美しい満月が出ていました。その煌々とした輝きに心がなぐさめられたのです。

星は何も語らず、ただそこにあるだけですが、その光が心の中にそっとよりそって私たちを励ましてくれる。そんな風に思うのです。

勇気をくれる星

星を見上げると、心が上向きになった日がありました。

まだ大学生だったころ、私はデパートの屋上にあった小さなプラネタリウムでアルバイトをしていました。そこに定期的に来る中学生男子がいました。彼はプラネタリウムに来ているのではなく、学校をさぼって屋上で時間をつぶしていたのです。

「何してるの？　星でも見てみない？」

私はそんな彼が気になり、ついつい声をかけてしまいました。初めのころは星にまったく興味がなかった中学生。一番多感な時期ですし、星なんか見るものかと思っていたのかもしれません。

しかし何度も見かけるので、そのたびに声をかけると、彼自身、実はとても心根の優しい性格だったのもあって、次第に打ち解けてくれました。そのうち、プラネタリウムで星を見上げる彼の姿を見ることが多くなりました。

そしてそれと共に彼の顔つきも優しくなり、いろいろな話をするようになりました。後から知ったのですが、そのころの彼を取り巻く環境は、病気を抱えた弟さんと多額の借金をして家を出ていった父親、そしてそれを支える母親。長男である彼はまだ学生で働くこともできず、八方ふさがりの状態だったそうです。自暴自棄になって日々を過ごしていた彼が出会ったのが、大きな宇宙だったのです。

やがて彼から「俺、医者になる」と突拍子もない宣言が出たのは、彼が高校生くらいだったかと思います。それからの彼の頑張りは目を見はるもので、もともと頭の良い彼でしたから見事に医学の道を進みました。そして本当に医者になって多くの人を救うことになりました。今では可愛らしいお子様に恵まれ、本当に素敵なお父さんです。

彼を突き動かしたものは、何だったのでしょう。それは、ただただ輝いている星だったと私は思います。

3・11の震災のときも、瓦礫の下で助けを待っていた少年が、後から「星が綺麗だった」と語ったそうです。

子ども科学電話相談で以前科学を担当されていた、髙柳雄一先生は、以前私に「戦争中、地上では人々が争っているのに、夜になって防空壕から出て土手に座って空を見ると天の川が輝いていていたんだよ」と語ってくださいました。その美しい天の川を見て天文学を勉強したそうです。

どんなに辛くて苦しい中でも、真っ暗闇だと感じても、そこに一つ輝く星が見つかればそれが私たちを照らす希望になります。

地球が誕生して、たくさんの命を繋いで、私たちは今ここにいますが、地球に生きるすべての人の頭の上で、いつも輝き続けてくれた星。だから人はその星に勇気をもらい、気持ちを奮い立たせてまた一歩を踏み出すのかもしれません。

もしも、辛いことがあったという日があったら空を見上げてみてください。

美しい夕焼けを見たら、その風景は地球だからこそ見ることができる太陽からの贈り物です。

1番星が見つかったら、その光は宇宙空間を飛んで、あなたにたどりついた光です。あなたが見上げた月は、ずっと人類が見上げてきた月です。

そしてその風景は、あなたが今地球に生きているから見ることができる風景です。

そんな美しい風景をたくさん心にためること。それが幸せになれる魔法だと私は思います。

宇宙の音楽

ケプラーが見つけた音

人類が地球に生まれて最初にできた学問は天文学と書きましたが、それともう一つ、音楽もそうだと言われています。

地球は音楽にあふれた星。風の音や鳥のさえずり、海の波の音も地球が奏でる音楽と言えるかもしれません。空気がない宇宙では音が伝わらないので、大気に包まれた地球だからこそ美しく響くのでしょう。

でもある天文学者は、音楽こそが宇宙共通の言葉と言っています。

ミュージックの語源は女神ムーサ（Mousa）です。言葉をもたなかった太古の時代、人々はコミュニケーションの手段として音を使っていました。最初の楽器は手を使って音を出す手拍子だったと言われています。

ドレミファソラシドの音階は、哲学者であり数学者のピタゴラスによって、1オクターブを七つに分割する理論から作られました。

音は波の性質をもっています。音の振動数は弦の長さに反比例するので、弦が短いほど振動数は大きくなり、音は高くなります。グランドピアノの弦を想像してみてください。ピアノは鍵盤を押すとハンマーに伝わり、弦を打つことによって音が鳴る楽器です。ピアノには長さや太さが違う弦が張ってあり、その違いによって音が変化する仕組みです。低いドと高いドは2：1、ドとソは3：2、ドとファは4：3の対比で弦の長さが違います。


ピタゴラスはなぜこの音階の仕組みを発見したのでしょう。

ある日、彼は鍛冶屋の職人が鉄を打っている音を聞きました。職人がハンマーで鉄を打つときに、ハンマーの重さによって音が変わることに気が付きました。そしてハンマーの重さが一定の整数比になるときに、綺麗な音が鳴るとわかったのです。

実はこのときにピタゴラスが発見した比が2：1と3：2、4：3でした。これが後にドレミファソラシドの音階の元になったのです。

私たち人間には美しいと思う和音、ハーモニーがあります。ハーモニーという言葉は古代ギリシャ語で「調和」を意味するハルモニアからきていますが、当時夜空の星々も互いにぶつからない不思議な力があると信じられ、これもハルモニアと呼んでいたそうです。

天文学者の中で、調和にこだわったのがヨハネス・ケプラーでした。ケプラーは太陽系の惑星は規則正しく調和をもって太陽の周りを公転していると信じ、ケプラーの法則を導き出しました。ケプラー自身、地球や惑星、月を音にした惑星の音楽を綴った楽譜を残しています。どの星も音楽を奏でて宇宙をめぐっていると考えていたのですね。

宇宙から聴こえる音楽

人間が聞こえる周波数は20～2万ヘルツほど。でも犬は5万ヘルツ、猫は

6万5000ヘルツほどまで聞くことができるそうです。人間に聞こえない音が、実はたくさん飛び交っているのです。

宇宙の星は可視光の他に電波や紫外線、赤外線、ガンマ線などいろいろな音と同じ波の性質をもった電磁波を出しています。

宇宙の音を直接聴くことはできませんが、それを音声データに変えると、聴くことができます。実際に宇宙からやってくる電波などを音声データに変えたさまざまな音がインターネットでも公開されています。

土星は荒涼とした世界をイメージするような風のような音が聴こえます。寒々しい土星の世界からは人間が聴くことができない音が放たれているのです。

私たちの地球の音も宇宙へ広がっています。私の好きな映画である『コンタクト』は、地球で放送された最初のラジオ放送が惑星系を出たあたりの宇宙までようやくたどりつき、その先は無音が続くというシーンからはじまります。

地球からは意思を持った音が宇宙に広がっていますが、知的生命が地球の音をキャッチしてくれるまでには時間がかかります。でも、いつか宇宙人とコンタクトが取れるとしたら、音楽が繋いでくれることになるかもしれませんね。

あなたは音楽を聴くことが好きですか?

音楽は心を休めてくれるし、逆に奮い立ててくれることもあります。私が学生のころ、カラヤンが指揮したチャイコフスキーのピアノ協奏曲にはまり、レコードを何回も聴いていました。ピアノの荘厳な響きとオーケストラの楽器が織りなすハーモニーに感動していたのです。

今でもオーケストラの演奏は大好きで、私の企画で日本フィルハーモニー交響楽団とコラボしてプラネタリウム番組を制作したこともありました。最近の私のルーティンは年末に東京交響楽団のジョナサン・ノット指揮の第九を聴くこと。今年も楽しみです。

宇宙飛行士は国際宇宙ステーションの90分ごとに日の出を迎える環境の中で、Wake up callと呼ばれる音楽がヒューストン管制センターから送られるそうです。

このときに流れる音楽は宇宙飛行士自身や家族、友人などからのリクエスト曲です。山崎直子元宇宙飛行士が宇宙で聴いた曲は松田聖子の「瑠璃色の地球」だったそうです。

国際宇宙ステーションの窓から地球を見ながら聴いた音楽は、きっと心に残る1曲だったに違いありません。

地球は本当に音楽にあふれた星。今度、好きな音楽を聴きながら、夜空を眺めてみてはいかがでしょうか。

その音楽は138億年かけて宇宙が育んだ地球だからこその奇跡の音なのかもしれません。

あなたの特等席

星好きが本当に見たい天文現象

地球は宇宙の中で美しい風景を見る特等席と言われます。

あなたの特等席はありますか？


私は今まで美しい風景をたくさん心に集めてきました。

はじめて見た流星群はペルセウス座流星群。流星群は毎年決まった時期に、ある1点から四方八方に流れるように見えます。特にペルセウス座流星群は多くの流れ星が飛ぶことで有名な流星群。

満天の星の中に、すーっと一筋の光が目に飛び込み、あっと声をあげたときには消えていました。でもその光がいくつもいくつも夜空にきらめいて見えたのです。そんなたくさんの流れ星を見たのははじめてだったので、感動で胸がいっぱいになりました。

星好きが一生のうちに見たいという天文現象が三つあります。それは、皆既日食、オーロラ、そして流星雨。私はありがたいことにすべてを見ることができました。

皆既日食は2006年3月29日、私はエジプト西部のリビア国境に近いサルーム郊外の砂漠にいました。日本から700人以上の大ツアーが組まれ、私は天文講師の一人として参加したのです。前日にエジプトでは珍しく大雨が降ったのですが、皆既日食の当日は朝から晴天でした。

太陽が徐々に月に隠され欠けていくと、砂漠の温度はどんどん下がっていきました。はじめは半袖で過ごしていた私たちも、次第にコートを羽織ってマフラーをまくほど着込みはじめて、あらためて太陽の温かさを実感しました。

太陽が月にすべて隠されると、あたりは一変します。

360度地平線が夕焼けのように赤くなり、昼なのに星が見え、何より太陽の周りにコロナと呼ばれる光の筋が放たれます。

たった4分間でしたが、そこにいたすべての人は太陽を見上げ感動していたと思います。私もただ「綺麗」とだけつぶやきながら涙していました。

さらに「ダイヤモンドリング」と呼ばれる、皆既の直前直後に見える光の筋は、言葉で言い表せないほどの感動を私に与えました。

忘れられない景色

オーロラを見に行ったのは、大学卒業時に入社した天文博物館五島プラネタリウムで働いていたときでした。

同じプラネタリウム解説員の友人と二人旅。アラスカ、フェアバンクスでオーロラを見ました。

オーロラは、極地方に太陽からやってくる荷電粒子が地球の大気とぶつかり輝く現象です。一つとして同じ形がないので、オーロラはそのときだけの美しい姿を見せてくれます。

私が最初に見たオーロラは、ぼんやりとした天の川のような輝きでした。ところが、わずかな時間で、いきなり夜空に竜のように早く動くオーロラが現れたのです。カーテンのようにゆらゆらと輝くイメージでしたから、驚きと共に迫力の姿に圧倒されました。

オーロラは地球の中でも限られた場所でしか見ることができません。オーロラが見られる場所も、また地球の特等席なのでしょう。

流星雨はその名の通り雨のように流れ星が降る現象です。

流れ星の元になっているものは主に彗星の尾に含まれる塵(ちり)。その塵と地球の大気が衝突して輝くのが流れ星です。

彗星は時に太陽に近づき、軌道上にたくさんの塵を落としていきます。「テンペル・タットル彗星」という彗星は33年周期で太陽に近づきます。そのときに地球上では多くの流れ星が見られます。それがしし座流星雨。

過去、雨のように流れ星が流れることから、これまでに多くの絵画や書物に記録が残っています。

しし座流星雨がいよいよ見られそうと予想が出た１９９９年から、私は毎年天城高原で天文講座と観望会をおこなってきました。２００１年11月18日も星仲間と共に天城高原で夜空を眺めました。18日から19日明け方にかけて、全国的に1時間あたり数百から数千個もの流星が見られたのです。

未だ、このときに見た流れ星にかなう流星群はありません。流れ星が数えきれないほど飛び、中には痕（こん）といって夜空にしばらく細い筋が残ったり、流れ星が途中で二つや三つに分裂したり。そんな流れ星が飛ぶたびに山の中で大きな歓声があがりました。

このしし座流星雨は流れ星のメカニズムを知らない時代には、世界の終わりだとパニックになったそう。夜空の星がすべて落ちてきたと思ったのでしょう。人々は恐れおののき、うわさが出回りました。いつの時代も、正しい知識が必要ということです。

日食もオーロラも流星群も地球だから見ることができる素晴らしい天文現象です。
あなたにとっての特等席はどこですか？
家のベランダかもしれません。
子どものころに過ごした場所かもしれません。
どこであれ、地球は宇宙を見る特等席です。
そこから見る風景をぜひこれからも大切にしてください。
美しい風景、心動かされた風景は、あなただけの特等席から見た風景なのですから。

闇の中の光

解説員への道

星空を見上げていると元気が出る。

私はいつも星に助けられているので、その話をしましょう。

空を見上げるのが好きだった私は、学生のころに進路を考えるようになると、真っ先に天文関係の仕事につきたいと思いました。

その中でも、小さなころに父に連れていってもらったプラネタリウムは私にとっては憧れの場所でした。「どうしたらここで働くことができるのだろう」そう考えた私はさっそくそのプラネタリウムに通い、どうしたらプラネタリウム解説員になれるのか職員の方に聞いてみました。

私が学生のころは、まだ女性のプラネタリウム解説員が少なく、ほとんどが男性。そして専門職だからそれなりの知識がないとだめでした。その職員の方は「まず理科系の大学を出て、もしもプラネタリウム職員の募集が出ていたら受けてみてください」とアドバイスしてくださいました。

また、私は優秀でもなければ話しが得意でもありませんでした。むしろ人前でしゃべるなんて、とても無理と思っているような子どもでした。でも、ひょっとしたら「星が好き」という気持ちがほんの少しみんなよりも強かったのだと思います。

星が好きだったので学生時代に「プラネタリウム解説員になりたい！」という想いを周りに言っていたら、自然とクラスメイトや先生が応援してくれました。校長先生はプラネタリウムに「うちの生徒が星を好きなんだけれど、望遠鏡で星を見せてくれる機会はあるか？」と電話をかけてくれたこともありました。

大学に入学したときに、先輩から「プラネタリウム解説員のアルバイトがあるんだけど、やってみない？」と言われたときには迷わず即答でした。

実際、大学時代は、東急まちだスターホールという百貨店の屋上にあった小さなプラネタリウムで毎日働かせていただき、本当に楽しくて仕方ありませんでした。楽しくて嬉しくて、アルバイトのない日まで職場のプラネタリウムに通い続け、最後は上司に「お願いだから、毎日来ないで休んでくださいね」と言われたほどです。

私にとってプラネタリウムは、毎日満天の星が見られる夢の空間だったのです。

大学を卒業する年、私の願いが通じたのか渋谷の駅前にあった天文博物館五島プラネタリウムという老舗のプラネタリウムで解説員募集が出ました。プラネタリウムは毎年募集がでるわけでなく欠員が出たときにはじめて募集をかけるので、まさに運の勝負です。

しかもこのときに面接を担当された村山定男先生（当時国立科学博物館勤務、のちに天文博物館五島プラネタリウム館長）は、数か月前に東急まちだスターホールで講演会をご一緒させていただいた憧れの先生です。

ドキドキしながら面接会場に入ると、開口一番村山先生から、「永田さん！」とお声をかけていただいて和やかな面接となりました。

後から先輩方に伺ったのですが、多くの優秀な方が面接に来られた中で、村山先生は五島プラネタリウムの解説員の皆様に「永田さんはどうかな？」と声をかけてくださったそうです。

こうして私は大学卒業後、憧れのプラネタリウムに入社することになりました。

救ってくれたのは

と、ここまでは順風満帆な人生のような気がしますが、星のお仕事を一直線に進んでいった人生がいきなりくずれたのは私が30歳を過ぎたころでした。

結婚して一人娘ができ、子育てと仕事に忙しく過ごしながらも充実した日々を過ごしていた私ですが、徐々に雲行きが怪しくなり、娘が3歳のころ離婚が決まりました。まだ小さな娘を一人で育てていかなければならない……。しかもそんなタイミングで、五島プラネタリウムの閉館も決まったのです。

天文博物館五島プラネタリウムは、戦争中に焼けてしまった有楽町の東日天文館に次いで、東京で2番目にできた老舗のプラネタリウムでした。人気も高く、多くのファンがいましたが、建物の老朽化のため閉館せざるを得なくなったのです。

それまで一緒に働いていた先輩方は一人また一人と去っていきましたが、私はプラネタリウムの仕事をしたいと思ってあちらこちらに声をかけました。しかし、正社員の枠は一つもありませんでした。

正社員がだめならアルバイトでも、と必死に探したところ学生時代にお世話になった「まちだスターホール」で解説をするお仕事をいただくことができました。しかし当時私は埼玉に住んでいて、まちだスターホールまでは片道2時間半。子どもを預けての仕事ですから毎日は通えません。だから他にもプラネタリウム解説ができるところを探しました。

当時、私は同時期に4か所のプラネタリウムでの仕事を掛け持ちすることになりました。

しかしどこのプラネタリウムも月に1～2日程度。とても生活できません。そこでさらに子どもを預けて塾講師をしたり、コンビニで働いたり、私は毎日数か所のアルバイトをして生活費にあてていました。さらに時代はプラネタリウムの低迷期。老舗の天文博物館五島プラネタリウムの閉館が業界の中で大きな波紋を呼んだのか、各地のプラネタリウムが相次いで閉館する事態となってしまいます。私がアルバイトをしていたプラネタリウムも、二つが閉館してしまいました。

そのとき、私は目の前が真っ暗闇でした。将来も不安だし、進む道も見えず、世界は半径1メートルのちっぽけな壁で覆われた世界に感じられました。不安で眠れない日もありました。

そんなとき、私の心を少し落ち着かせてくれるものが星だったのです。

娘が寝た後、ベランダから見える星空に目を向けて、小さな光を探しました。周りが壁で覆われていても上を見上げたら、そこには月や星の光があるのです。そして私の頭の上には無限に広がる宇宙があるのです。

都会から見えるわずかな星の光は私の人生を応援してくれました。

あなたは、人生の中で真っ暗闇の中に放り出されたような気持ちになったことはありませんか？　そんなとき、どうしていましたか？

人はつい下を向きがちです。でもそんなときに上を見て星を眺めてみるのはどうでしょう。

震災のとき、多くの人が明日への希望がなくなりかけたとき、星を見上げて頑張ろうと思ったという話を聞きました。何日も瓦礫の中で過ごした少年が、隙間から見えた星空が綺麗だったと後日語ったという話も聞きました。

星は私たちに何も語りません。でも、その輝く光を見ることで、世界は闇ばかりでなく光があるのだと思い出すのかもしれません。

私は苦しい時期をこえて、今もプラネタリウム解説員として多くの方に星を語っています。今思い出すと、きっと辛い時期があったからこそ自分の進む道が見えたのだと思っています。

人にはきっと、何かこの世界に生まれてやるべきことがあるのではないかと私は思っています。あなたにもその役割がきっとあるはず。人生はその役割を探す旅かもしれません。

目の前が真っ暗闇に感じたときでも大丈夫。あなたの上にはいつも星が輝き、そっと応援しているのですから。

夏の章

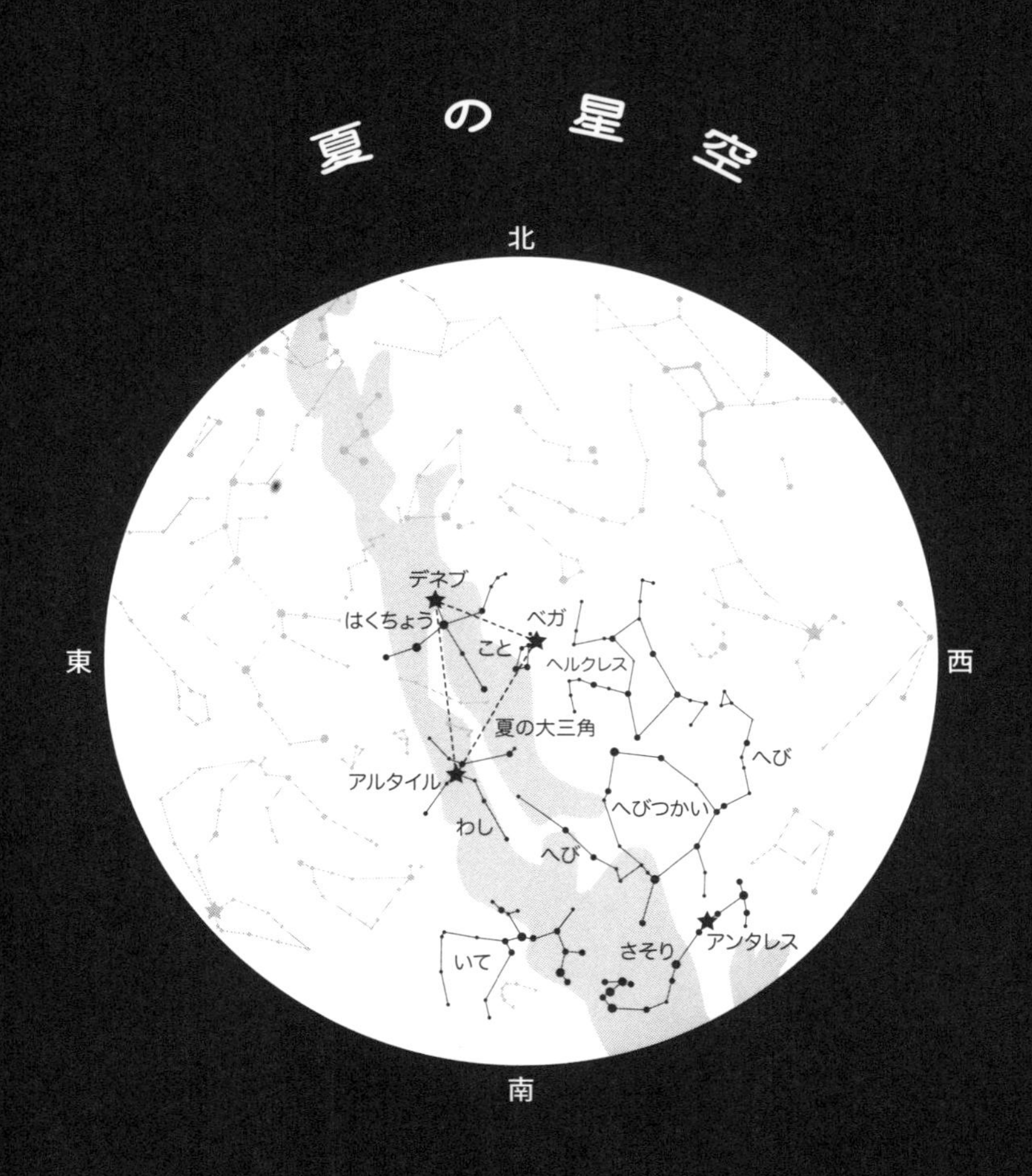

国立天文台の資料をもとに作成

夏を駆け抜ける星座

夏の大三角

太陽が天高く通る夏。

太陽が沈み、暑さが少し和らいだら外に出て星を眺めてみてください。夏の宵空、頭の上に見えていて街明かりの多い都心でも見ることができる1等星三つでできる大きな三角形。あなたも学校で習った覚えがありませんか？

そう、「夏の大三角」です。

夏の時期、天高く見える一番明るい星がこと座のベガ。七夕の織姫星です。

ベガは真夏の女王とも呼ばれる明るい星なので、まずベガから見つけてみてください。ベガが見つかったら南東の空に目を移すと1等星の彦星、アルタイルが見つかります。彦星はよく見ると両側に3等星と4等星の星が見つかります。彦星の仕事は牛飼いですから、「両側に牛を連れている」と覚えておくと星並びを覚えやすいので良いですよ。

ベガ、アルタイル、そしてはくちょう座のデネブを結んだ三角が夏の大三角です。夏の大三角は正三角形でなく、切り分けたショートケーキのような三角。この三角を子どもたちに何に見えるか尋ねると、「ピザ」「チーズ」「こんにゃく」「山」などいろいろな三角が出てきます。あなたは何に見えますか？　決まった星座を覚えるのも良いですが、自分なりに好きな形に星を結んで自分だけの星座を作ってしまうのも良いですよ。あなただったら何座を作りたいですか？

さて、ベガは、こと座の1等星です。こと座の琴はギリシャ神話に登場するオルフェウスの竪琴。リラと呼ばれる小型のハープのような楽器です。オルフェウスは竪琴がとても上手でその音色は動物や川や木まで聴き惚れたそうです。そんな竪琴の音色、聴いてみたいですね。

※ ※ 夏の章 ※ ※

夏の大三角

彦星のアルタイルはわし座の1等星。夏の大三角の中では2番目に明るい星です。アルタイルは「飛ぶわし」という意味で、このあたりの星がわし座になります。

わしはギリシャ神話に登場する大神ゼウスが化けた姿。ゼウスは天から地上にいるトロイの美少年ガニメデを見つけました。あまりの美しさに鷲に化けて、ガニメデを天へさらっていったのです。その後ガニメデは神々のお酒のお酌をするようになるのですが、その星座がお誕生日の星座のみずがめ座です。

夏の大三角の最後ははくちょう座のデネブ。デネブから近くの星を十字に結ぶと、北十字星のできあがりです。この星の並びが本当に美しく、翼を広げて夜空を飛ぶはくちょうが星々を結ぶと想像できるのです。これはぜひあなたに見てほしい星座です。

銀河鉄道が向かった星

宮沢賢治は『銀河鉄道の夜』の童話に夏の星をいくつも登場させました。銀河ステーションから出発した銀河鉄道は、はくちょう座のアルビレオに向かいます。アルビレオは、はくちょう座のくちばしの星。童話の中ではアルビレオの観測所として登場し、眼もさめるような青宝玉（サファイア）と黄玉（トパーズ）の大きな二つの透き通った球が輪になってしずかにくるくるとまわっている、と書いています。

アルビレオは肉眼で見ると一つの星ですが、望遠鏡で見ると青と黄色の二つの美しい二重星です。天上の宝石とも呼ばれる美しい星なのです。

賢治の時代には、互いにまわり合っているとも考えられていましたが、現在では地球から見てたまたま同じ方向に見える見かけの二重星だということがわかりました。

美しい色合いの星が近くに見えるなんて、地球からだけ見ることができる宇宙の絶景ですね。

天の川を南へ進むと、いて座が見えてきます。

いて座は上半身が人間で下半身が馬の姿のケンタウルス族。『銀河鉄道の夜』の中ではケンタウルの村で登場します。そして童話の中で重要な星がさそり座のアンタレスです。こんなお話としてさそりは登場します。

さそりはあるとき、いたちに追いかけられて井戸に落ちてしまいます。今までたくさんの命をとってきたさそりは、最後になって今度生まれ変わったときには自分のからだをみんなの幸せのために使ってくださいと祈ります。すると、さそりのからだが真っ赤な火となり闇を照らしました。

そのさそりの火がアンタレスです。アンタレスは夏の都会の空でも見える赤い星。アンチアーレス、火星の敵という意味です。

さそり座の目印はアンタレスからS字に結んだ星並び。日本では釣り針に見立てて「うおつり星」と呼ばれます。私には天の川の中に大きな釣り針をたらし、魚を釣るようなイメージがあるのですが、海の上で、うおつり星を見ると、昔の人が大きな釣り針に見立てたのがよくわかるのです。

さそり座の上に輝く星座はへびつかい座です。将棋の駒のような五角形が目印。頭の星、ラス・アルハゲは「ヘビをつかむ者の頭」という意味です。

いて座

へびつかい座のアスクレピオスは優秀な医者で、彼に医学を教えたのが、いて座のケイローンです。
アスクレピオスはどんな病人も治したスーパードクター。その治療方法は変わっていて、たとえばお腹が痛い人がいたら、へびにその患者のお腹をかませてしまうのです。驚いた患者はそのショックで痛みが治ってしまうのです。アスクレピオスはこの治療方法で死者をも生き返らせました。ただ、死者を生き返らせることは罪にあたり、ゼウスによって雷で撃ち殺されてしまいます。

そんなアスクレピオスの星座、へびつかい座の上に頭をくっつけているように見えるのがヘルクレス座です。

へびつかい座の頭の星、ラス・アルハゲの近くに、ラス・アルゲティという名前の星があります。これが、ヘルクレス座の頭の星。ひざまずく者の頭という意味ですが、その名前通り、ヘルクレス座の星座絵はひざまずいて片手にこん棒、片手にヘビを持っている姿で描かれています。

へびつかい座とヘルクレス座

ヘルクレスはギリシャ神話に登場する勇者。生涯12の冒険に出かけ、数々の怪物を退治します。たとえばネメアの谷の人食いライオンであるしし座や、化け物ヒドラのうみへび座、化けガニのかに座などが星座になっています。

12の冒険をやり遂げたヘルクレスはギリシャで一番の英雄となりますが、最後は愛する妻がヘルクレスの愛を疑ったため、毒のついた下着を着せられて死んでしまいます。

夏の星座に登場するへびつかい座、ヘルクレス座はそれぞれに大勢の人を救うのですが、二人とも幸せな最後を迎えることができませんでした。そんな二人をなぐさめるように、オルフェウスの竪琴が悲しい音色を奏でているのかもしれません。

あなたも夏の夜空を見上げたときにはこんな神話を思い出してくださいね。

夏の星座の物語

悲しい音色

夏の星座であること座は1等星のベガが輝く大変美しい星座です。

しかし、こと座にはとても悲しいギリシャ神話が伝えられています。

伝令の神ヘルメスが、ウミガメの甲羅に7本の糸を張って作った竪琴は、音楽の神アポロンが使い、のちに息子であるオルフェウスに譲られました。この琴で奏でられたオルフェウスの琴の音色は大変美しく、すべてのものが動きを止めて聴き惚れるほどでした。

あるときオルフェウスは木の妖精エウリディケに出会って恋に落ちました。エウリディケもオルフェウスを好きになり、やがて二人は結婚することになりました。

結婚式の夜、大勢の神々に囲まれて幸せな二人でしたが、突風が吹いてエウリディケの目に煙が入ってしまいました。思わず涙を流したエウリディケ。おめでたい席での涙は不吉でしたが、二人は幸せの中ですぐに忘れてしまいました。


しばらくして、エウリディケが森で花を摘んでいたとき、うっかり白ヘビを踏んでしまいました。ヘビはエウリディケをかみ、たちまち毒がまわりました。

そのままエウリディケは死の世界へと連れ去られてしまったのです。


愛する妻を失ったオルフェウスは悲しみにくれました。どうしてもエウリディケをあきらめることができません。

「なんとしても妻を取り戻す！」

そう決心したオルフェウスは、死んだ人が行く黄泉（よみ）の国に出かけることにしました。

黄泉の国は地下へ続く深い洞窟の奥にあります。

洞窟の門にたどりつくと、ケルベロスという番犬が見張っていました。ケルベロスは頭が三つもある恐ろしい番犬です。オルフェウスは何とかして門を開けてほしいと頼みましたが、生きているオルフェウスは死の世界に入ることができません。

そこでオルフェウスは琴を奏でながら必死に門を開けてくれるように頼みました。オルフェウスの琴がとても悲しくも美しく、その音色を聴いているうちにケルベロスは門を開けてくれました。

やがてオルフェウスは冥府の神ハデスのもとにたどりつきました。泣きながら「エウリディケを帰してください」と琴を奏でながらお願いしました。オルフェウスの切ない琴の音は黄泉の国いっぱいに広がって、そこにいたみんなが涙を流しました。悲しい琴の音を聴いていたハデスの妻ペルセフォネの心にも響いたのです。

エウリディケを地上に戻すことは決してできないと考えていたハデスでしたが、ペルセフォネに頼まれるとむげにもできません。さすがのハデスも今回だけ特別にエウリディケを戻すと言ってくれたのです。大喜びしているオルフェウスにハデスは言いました。

「オルフェウス、一つ条件がある。地上に戻るまで、決して振り返ってエウリディケを見てはいけないぞ」

これを聞いたオルフェウスは喜んで約束をすると、また洞窟から地上への道を上っていきました。オルフェウスは途中で何度も後ろを振り返りたいと思ったのですが、そのたびにハデスとの約束を思い出し、また洞窟を上っていくのでした。

やがて、暗い洞窟にうっすらと地上の光が差しこむのが見えました。もうすぐ地上だと思ったオルフェウスは、ハデスとの約束を忘れてうっかり後ろを振り返ってしまったのです。そのとたん、エウリディケは黄泉の国へ引き戻されていきました。そしてもう二度と姿を見せてはくれませんでした。

オルフェウスは乞うように一生懸命琴を奏でましたが、もう誰も耳を傾けるものはいませんでした。

たった一人で地上に戻ったオルフェウス。その後オルフェウスは妻以外の女性に近づこうとしませんでした。

ある祭りの夜、酒に酔った女たちがオルフェウスの態度に腹を立ててオルフェウスを川に落としてしまいました。この様子を見ていた大神ゼウスは、オルフェウスの琴を夜空にひろいあげ星座にしたという話です。

夏の時期に天高く見えること座は華やかな星座ですが、大変悲しいお話が残っていたのですね。

七夕の物語

こと座のベガを日本では「織姫星」と呼んでいますが、国によって同じ星でも伝えられている話はずいぶん変わります。

あなたは七夕物語を聞いたことがありますか？

天帝の一人娘である織姫は機織りの仕事ばかりしていたため、心配した天帝は天の川の東の岸で牛飼いをしている彦星を連れてきます。

二人はすぐに恋に落ちるのですが、毎日楽しすぎて遊んでばかりいて仕事がおろそかになってしまいます。

そんな二人に怒った天帝が天の川の両側に別れ別れにさせてしまうのです。

やがて二人は仕事をするようになり、そんな様子を見た天帝が一年に一度、7月7日の夜に会うことを許したという話です。

この七夕の話は、もとは中国から来たのですが、日本各地で形を変えて伝わっています。

奄美大島や香川県などに伝わるお話をしましょう。

あるとき、牛郎（ぎゅうろう）という男が仕事帰りに山道を歩いていると、湖で水浴びをしている天女たちに出会います。

あまりの美しさに目を奪われた牛郎は、思わず一人の天女の着物を隠してしまいます。やがて水浴びを終えた天女たちは天へのぼっていきましたが、着物がない天女は天へのぼれません。

そこへやってきた牛郎が天女の織女（しょくじょ）に家にくるよう声をかけました。やがて牛郎と織女は結婚し、子どもにも恵まれました。

ある日のこと、牛郎が仕事に出かけ、織女が家の中の整理をしていると、奥から和紙に包まれた着物が出てきました。それは天女の羽衣の着物でした。

着物を見つけた織女は、天の国を思い出し、子どもを連れて天へのぼっていったのです。


仕事から帰った牛郎は織女がいなくなり嘆き悲しみました。そして織女からの手紙を見つけました。そこには、「私に会いたければ、わらじを千足編んで土に埋めてください」と書かれていました。

牛郎は必死にわらじを編みました。毎日、朝から晩までごはんも食べずに編み続けました。

そして999足まで編むと我慢できず土に埋めました。


すると、どうでしょう。そこから天へ向かって竹が伸びていきました。

牛郎はその竹にのぼり天へあがっていきました。あともう少しで天の国です。しかしあともう少しのところで竹は伸びなくなってしまいました。

せっかくここまでのぼったのに天の国まで手が届きません。そこに織女と子どもがやってきました。織女は一生懸命牛郎を助け、ようやく牛郎は天の国に降り立ちました。

天の国には天帝がいて、やってきた牛郎にこんなことを言いました。

「これからお前に食事をやる。うまく食べられたら織女と子どもは帰してやろう」

これを聞いた織女は牛郎にそっと耳打ちしました。

「天の国ではすべて縦に切ります」

牛郎はこれを聞いて、出された食事をすべて縦に切りうまく過ごしていました。いよいよ食事の最後に大きなウリが出てきました。天帝は言います。

「ウリは横に切るとよいぞ」

牛郎はこの言葉に騙されて、うっかり横に切ってしまったのです。たちまちウリから水があふれだし、大きなうねりとなって天の川となり、牛郎と織女を別れ別れにさせてしまったのです。

悲しむ織女と牛郎に天帝は一年に一度、七夕の日にだけ会うことを許しました。

こうして今でも親子三人で七夕の日にだけ会うことができるというお話です。

織姫、彦星は一年に一度会うことができるだけ、オルフェウスよりも良い、と思われるかもしれませんが、実はこの二つの星は宇宙空間では約15光年離れています。光のスピードで15年もかかる距離です。物理学的には光が最も速いので、一年に一度会うためには光速を越える必要があります。二人の愛はそれほど深いということなのでしょうか。

仮に彦星から織姫にメールをしたとしても届くまで約15年ですから、気軽に約束もできません。それでも毎年会い続ける二人を、とにかく温かく見守りましょうね。

地球の住所

3番目の惑星

あなたは今住んでいる場所の住所を言えますか？
もちろん誰もが自分の家の住所を言えると思いますが、地球の住所ではどうでしょうか？
地球の住所は、
ラニアケア超銀河団　局部超銀河団　おとめ座銀河団　局部銀河群　天の川銀河
オリオン腕　太陽系　第3惑星　地球
なのです。

地球は太陽系の中にある惑星。

太陽のように、自ら光を放って輝く星を「恒星」といいます。そしてその恒星の周りを回る星が「惑星」というので、太陽の周りを公転している地球も惑星ということになります。また、月のように惑星の周りを回る星は「衛星」と呼ばれます。

太陽系の中心は太陽で、太陽系というのは太陽の重力が影響を及ぼすエリアのことです。太陽に近い方から惑星は水星、金星、地球、火星、木星、土星、天王星、海王星と八つ。地球は太陽から3番目に近い軌道を回る惑星です。

水星と金星には衛星がありませんが、火星には二つ、木星には２０２４年10月時点で95個、土星は１４９個見つかっています。さらに小惑星は１００万個以上もあり、他に準惑星や彗星など数えきれない星があります。

太陽系の中だけでも確認されていない星が数多くあるのですが、星座の星は太陽と同じ恒星。

あなたは、宇宙に浮かぶ無数の星の数を実感できますか？

満天の星を見ると、その星の多さに驚いてしまいます。なんてたくさんの星が頭の上に輝いているのだろうと思い、中には脅威すら感じる人もいます。でも、私たちが見ている恒星の数は全天合わせてせいぜい７０００個ほど。宇宙全体の星の数に比べれば微々たるものなのです。

想像を広げて

近年恒星の周りには太陽系以外の惑星、これを系外惑星と呼ぶのですが、これも無数にあることがわかってきました。

そんな星が数千億個も集まっているのが「天の川銀河」です。太陽系は天の川銀河の「オリオン腕」というところに位置しています。

天の川銀河は数千億の星の集まりですが、上から見ると渦巻型をしています。その中心方向にあるのは、いて座Ａスターというブラックホール。このブラックホールは２０２２年に世界の天文学者がチームを組んで撮影に成功しました。

ブラックホールは何でも吸い込んでしまう謎の天体です。昔は存在すら疑問視されていた天体ですが、人類はとうとうそんな天体も捕らえることができたのです。

太陽系は天の川銀河の中心から約2万7000光年離れたところに位置しています。

天の川銀河は直径が約10万光年ですから、太陽系がある場所は天の川銀河の中の比較的外側になります。私たちが見上げる星座の星は、天の川銀河の中でも太陽系に近い場所にある星で、遠く離れれば離れるほどぼんやりとした星の集まりとして見えます。

それが天の川なのです。

ですから、夜空の満天の星も天の川の中の星もすべて天の川銀河の星。

そう考えると実は、あなたが夜空を見上げて「広い宇宙の星を見ている」と思っていても、それらは案外近い星ということになります。

天の川銀河の外側には別の星の大集団、銀河があります。

たとえば秋の夜空に見えるアンドロメダ銀河は、光のスピードで２５０万年ほどいった場所にある、天の川銀河と同じような無数の星の集団です。
肉眼で見てもぼんやりとしか見えない銀河ですが、宇宙全体から見れば、このアンドロメダ銀河も天の川銀河と同じグループに所属する銀河なのです。

天の川銀河もアンドロメダ銀河も「おとめ座銀河団」の中にあります。さらにおとめ座銀河団は約１３００から２０００個の銀河の集まりです。さらに局部超銀河団は「ラニアケア超銀河団」の中にあります。

天文学はこれでもかというくらい、地球が小さな星であることを教えてくれます。それと同時に、これだけたくさんの星が宇宙の中にあるのに、未だに地球以外に生命のあふれた星が見つかっていない事実も教えてくれています。

「ラニアケア超銀河団　局部超銀河団　おとめ座銀河団　局部銀河群　天の川銀河オリオン腕　太陽系　第３惑星　地球」の中の住所に、あなたは今住んでいます。

生活する中で、地球すらあまり意識せずに生きている人がほとんど。でも広がる大きな世界を想像すると、あなたが生きている世界はとてつもなくすごい場所に思えませんか？


地球は広いですが、宇宙はもっと広いのです。

その広さを想像することで、あなたは心の中で自由に宇宙を旅することができます。

かつて宇宙を解き明かそうとした天文学者はみな心の中で宇宙を旅してきました。

太陽系がわかればその先を、天の川銀河がわかればその先を、さらにその先を観測して、そのたびに宇宙は広がっていったのです。


現在、宇宙の中の地球の住所がわかってきましたが、まだまだその先があるのかもしれません。あなたには、そんな大きな世界を知ってほしいと思います。

夜空の星がただの点でなく、太陽と同じ恒星で、その先には無数の星がある。

見えなくても、想像するだけで宇宙はどんどんと大きく広がっていきます。

大きな世界を知ることは、心が大きく広がっていくこと。心が大きく広がれば、世界の美しさにたくさん気づくことができるはず。

あなたの世界が夜空の星のようにきらめくものになりますように。

子どもの質問

宇宙人は悪者？

私はラジオ番組のＮＨＫ子ども科学電話相談で天文担当をしています。この番組は動物や鳥、恐竜や脳科学などさまざまな分野の先生がいて、子どもからきた質問に徹底的に答える番組です。

あなたは小さなときに、「何でだろう？」「不思議だな」と思ったことはないですか？

大人になると忘れてしまい、当たり前のように何でも「そういうものだ」と思いがちですが、この世界は不思議なことがたくさんありますし、まだ解き明かされないことばかりです。

天文学の世界では、この宇宙の中で見えている世界は全体の約４％と言われていま
す。96％は見えない、まだ何もわかっていない世界なのです。

以前子どもからこんな質問がありました。

「宇宙人は悪者ですか？」

私はこのときこう答えました。

「宇宙人がもしも地球に来るとしたら、すごく長い時間を宇宙船で過ごさなければならない。その中でけんかをしたりすると大変だから宇宙飛行士はみんなと仲良くできる人が選ばれるんだよ。そう考えると宇宙人は悪者なのかな？」

するとその子どもは「悪者じゃないと思う！」と元気よく答えてくれました。

この質問の答えにまだ正解はありません。宇宙人がいるか、地球に来るのか、本当に悪者じゃないのかわからないからです。でも子どもにとって、今この質問に答えてくれる大人がいるということが良いのだと思います。


あるときは「からあげ座を作りたい！」という質問がありました。その子はからあげが大好きなのだそうです。私はからあげ座を作りましょうと答えました。どんな

星座も自分で好きに作っていいのです。夜空を見上げたときに自分で好きな星を結んでからあげ座を作れば、その子どもにとって夜空を見上げることが楽しくなるはずです。

そんな子ども科学電話相談で、私が一番楽しみにしているのは他の専門の先生のお話です。

あるとき、脳科学の先生に子どもからこんな質問がありました。

「算数が苦手だけど、どうすれば良いの？」

篠原菊紀先生は、人間の脳はだまされるから算数の勉強をする前に、

「わー、楽しい！　これから楽しい勉強をはじめるぞー！」

と声に出してはじめると良いよと答えてくれました。

脳はだまされるので、おもしろいと思うとより、覚えも良くなるそうです。逆に苦手と思っていると逆効果。余計覚えも悪くなり悪循環だそうです。

何事も楽しんでやるのが良い、これは大人にも役立つアドバイスですよね。

またあるとき、「死んだらどうなるの？」という質問がありました。

聞いてみると、質問をしてきた子どもの父親が亡くなったのだそうです。篠原先生はこう答えました。

「死ぬことは二つある。一つは肉体が死んでしまうこと。もう一つは人の記憶からいなくなってしまうこと。あなたのからだにはお父さんの細胞が引き継がれ、記憶が残っている。これは、お父さんは死んでないということも言えるんだ」

子どもが一生懸命聞いていて、「ありがとうございました！」と元気よく言ってくれたとき、私はスタジオで涙していました。

素敵な先生たち

いろいろな先生がいる中で私にとって大切な話をしてくれた二人の先生がいました。

一人は昆虫担当の矢島稔先生。

矢島先生は多摩動物公園で昆虫の施設を作り、晩年にはぐんま昆虫の森の園長として子ども科学電話相談を初代から続けていました。長期間にわたり子どもたちの質問に答えてこられた先生です。

時折、矢島先生のラジオを聞いて昆虫学者になりましたという方がスタジオに来られていました。

先生はいつも気さくで、ラジオ番組が終わるとランチを誘ってくださいました。ＮＨＫラジオセンターの社員食堂で、毎回先生方の話を聞くことができたのは、矢島先生のおかげです。

そんな思い出の中で、矢島先生がなぜ虫を好きになったのか話してくださったことがありました。

先生は子どものころから虫が大好きだったとのこと。セミやトンボを取って遊んでいたそうです。

ところが戦争が起きて、虫を探すこともできなくなりました。

食べ物もなくなり、熱が出ても国のために働かなければなりませんでした。

矢島先生はわずか14歳のときに激しい爆撃を受けました。多くの方が亡くなる中、矢島先生は、水たまりの中にトンボが産卵しているのを見たそうです。

人間が殺し合いをしている中、トンボは関係なく生きている。それを見たときに強く生きようと思ったそうです。

実は同じような体験をされたのが、科学担当の髙柳雄一先生でした。

髙柳先生も戦争を体験され、お母さまと灯火管制によって町の灯りが消えたとき、東京の夜空に天の川が見えて、とても美しかったそうです。

やはり人間がどんなに地上で争っていても、宇宙の星は静かに夜空に輝いているのを見て心打たれたそうです。

いろいろな想いを抱えて、子どもたちの質問に答える先生がたは、私の尊敬の対象で、目標でもあります。

矢島先生は２０２２年４月に天国へと旅立ちましたが、きっと今でも好奇心いっぱいの素敵な笑顔で子どもたちを見守ってくれていることでしょう。

ボイジャー号の旅

私の推し惑星

あなたはボイジャー号という惑星探査機をご存知ですか？
ボイジャー計画はアメリカ航空宇宙局（NASA）が1977年に太陽系の惑星を調べるために2機の探査機を打ち上げた計画でした。ボイジャー1号、2号ともに打ち上げられてから木星や土星、天王星、海王星に接近して素晴らしい画像を私たちに届けてくれました。

私が小さなころ、土星や天王星などの遠方の惑星は、大きな天文台から撮ったものだけでした。大きな天文台で撮影された土星の環や木星の模様など、わくわくしながら見ていました。

ところが、ボイジャー号は今まで私がまったく見たことがない惑星の真の姿を捕らえてくれたのです。

木星の表面は雲が渦巻き、まるでダイナミックな絵画のようでした。

土星の細いリングやリング近くの衛星を見ると、まるで私も土星の近くにいるような感じがしました。

私はボイジャー号が撮影した土星に心を奪われました。当時、学生たちの間で流行っていたのが、透明な下敷きの間にアイドルの写真を入れること。友人は「推し」の写真を入れていましたが、私だけは土星でした。土星の写真集がほしくて一生懸命お小遣いを貯めました。

ボイジャー計画は「太陽系グランドツアー」と呼ばれ、数々の発見をしました。

さらにボイジャー計画には私をわくわくさせるものがありました。それは、人類が知的生命に向けたメッセージが入った、「ゴールデン・レコード」というタイムカプセルです。企画したのはコーネル大学のカール・セーガン。

ゴールデン・レコードには世界各国の挨拶の言葉や、地球上の数々の画像、風の音や鳥の鳴き声などの自然音がおさめられていました。そして、数多くの音楽も収録されていました。クラシック音楽ではバッハの「平均律クラヴィーア曲集第2巻」から前奏曲とフーガ　ハ長調。さらにロックンロールや日本の尺八などの音楽も収録されていました。

音階は数学の比で表すことができます。
たとえ数字はわからなくても、音楽は宇宙共通の言語と言われているのです。遠い将来出会うかもしれない宇宙人と音楽で会話できたら素敵ですよね。

今もボイジャー号は太陽系を離れるために宇宙を進んでいます。
人類がボイジャー号に託したのは、やがて地球人以外の知的生命に出会ったときに、地球の文明を知ってもらうこと。今なお、その旅は続いています。

ゴールデン・レコードはたとえ太陽が最期を迎え、地球も太陽と共に一生を終えたとしても変わらず残るものなのです。

アメリカ合衆国第39代大統領のジミー・カーターは「私たちの死後も、本記録だけは生き延び、みなさんの想像の中に再び私たちがよみがえることができれば幸いです」と述べています。

「小さく青い点」

このボイジャー1号は1990年に約60億キロメートル彼方から振り返って地球を撮影しました。

このときに撮影された地球は小さな淡い点のようで、「ペイル・ブルー・ドット」と名付けられました。このときにボイジャー号が見た地球は、数多くの宇宙の星の中で見わけがつかないほど小さな儚(はかな)い星でした。

ゴールデン・レコードを企画したカール・セーガンはこんな言葉を残しています。

この遠く離れた場所から地球を見ると、地球はあまり興味深い星には見えない。

しかし、私たちにとっては違う。

この点を良く見てほしい。

あれがここ、あれが故郷、あれが私たちだ。

ここにあなたが愛する人、あなたが知っている人、全員が乗っている。

（中略）

私たちは、もっとお互いを尊重し、お互いに真心を持ち、この小さく青い点を大切にしていく必要がある。

私たちが知るたった一つのふるさとで。


地球の平和を願い続けていたカール・セーガン。

今も地球上では争いが絶えません。遠い宇宙から見れば点のような小さな星の中で、争い、憎しみあうのは本当に悲しいことです。

天文学は人を謙虚にしてくれます。

どんなにお金を持っていても、名誉を与えられても、宇宙のどの星も人の自由にはできません。夜空を見上げて見える星は誰のものでもないのです。

でもあなたが夜空を見上げて、美しい風景を心にしまえば、それはあなただけのもの。あなたの心の中の星空は誰も奪うことができないのです。

私は、天文学を知ることは世の中を少し良くすると信じています。

地球に住む多くの人が下を見ないで、遠い宇宙に目を向けたら、地球の中で争うことの無意味さと地球の大切さがわかるはず。

地球の誕生を知れば、空に浮かぶ雲も広い海も、木々も奇跡の積み重ねだとわかります。

あなたはそんな地球に住んでいるのです。


もしも、あなたの今日が悲しい色だったとしても、漆黒の宇宙の中をただ進んでいるボイジャー号を思い出してください。

地球という素晴らしい星に生きるあなたを、きっと遠くから見守ってくれているはずです。

＊＊夏の章＊＊

壮大な宇宙の中で

私のミッション

ある1枚の画像が私に驚きを与えました。

それは宇宙に打ち上げたハッブル宇宙望遠鏡が撮影した銀河の画像です。その画像は、地球から見ると宇宙の中のほんの狭い領域を撮影したものであるにもかかわらず、1枚の画像の中に3000個ほどの銀河が写っていたのです。

一つの銀河に数千億以上の星が集まっていますが、その銀河が3000個もその画像の中に写っているのです。

単純計算しても、その画像の中には3000×数千億の星が存在することを示していました。

「宇宙にはたくさんの星がある」と言いますが、あなたは実感したことがあるでしょうか。

たとえば海辺の砂浜にある砂粒のようにたくさんの星が宇宙にあるのです。地球は、砂浜を歩いてあなたが手にとったほんの一粒の砂に過ぎません。それほど、宇宙にはたくさんの星があるのです。

私もあなたもそんな広大な宇宙の中の地球に生きています。

ではそんな宇宙の中で私やあなたが生きているのは何か意味があるのでしょうか。

私は大学卒業後、憧れの渋谷の老舗プラネタリウムに就職して、数年経ったときに施設老朽化のため閉館せざるを得ないことを聞きました。

大好きなプラネタリウムの仕事がいきなりなくなることを知ったのです。プラネタリウム解説員の仕事は、欠員が出ないと募集が出ません。

しかも解説員の仕事は人気のため、欠員が出ると多くの応募者が殺到します。簡単に次の就職先が決まるわけではありません。

そこで私はプラネタリウムが閉館した後、「フリープラネタリウム解説員」と書いた名刺を作り、いろいろなプラネタリウム施設でアルバイトをすることになります。

しかし、どこのプラネタリウムも1か月に数日程度しか仕事がありませんでした。それではとても生活ができません。

そこで、同時に塾講師やコンビニなどさまざまなアルバイトをすることになりました。このときの私は、自分の進む道が見えず、毎日が不安の日々でした。

プラネタリウム解説員の仕事がしたいのに、仕事がない。

私には何か価値があるのだろうか？

何のために生きているのだろうか？

そんなときに考えたのが自分の使命、ミッションでした。

私は、人は誰でも何かミッションを持ってこの宇宙に生まれたと考えています。私はなぜ星が好きなのだろうと考えたとき、自分のミッションがおぼろげに見えてきたような気がしました。

自分は天文学を勉強して地球が素晴らしい星だということ、その地球の中に命を繋いで生きているみんなが素晴らしいということを知りました。だから、このことを伝えることこそが、自分のミッションだと思ったのです。

そう思ったとき、仕事のこと、自分の周りのこと、生活のことなど悩んでいたことが消えて自分の心がすーっと軽くなったのです。

私のミッションは別にプラネタリウム解説員の仕事をしていなくてもできること。学校の子どもたちに話をしても良いし、近所のおじいさん、おばあさんに話をしても良い。仕事でなくても私は自分のミッションを達成できる。

自分が好きなことをただやろう。

それが私の転機になりました。

アルバイトで働かせていただいたプラネタリウムでは1回1回を一期一会と考えて、自分の力をすべて注いで丁寧に解説をしました。

出会う方々に感謝して、毎日笑顔で過ごせるようになりました。

すると不思議なことに多くの方にご縁を繋いでいただき、今私はまたプラネタリウム解説員の仕事ができるようになったのです。

あなたのミッション

人は辛いときに、つい下を向きがちです。

でもだからこそ、星を見上げてほしいのです。

煌々と輝く月の光や夜空の無数の星、太陽がのぼる前の薄明の空、どれも地球だからこそ見ることができる美しい風景。

そんな風景をあなたが見ることができるのは、地球が46億年という途方もない時間をかけて作ってくれたから。

あなたは今、地球という奇跡の星から壮大な宇宙を見ています。そして奇跡の積み重ねであなたがここにいます。あなたには地球に生きる価値があります。

それはあなたの命が、46億年かけて繋げてきた命だからです。


あなたはきっと、あなたのミッションを持ってこの世界に生まれたはず。そのミッションは、もうわかっているのかもしれませんし、これからわかるかもしれません。

でも必ずあなたのミッションがあります。

せっかく素晴らしい地球に生まれたのですから、美しい風景をいっぱい見てください。

心が感動するものをいっぱい見てください。

そして笑って過ごしてください。

笑えないときは夜空を見上げてみてくださいね。

星はこれからも、ずっとあなたの上に輝いています。

秋の章

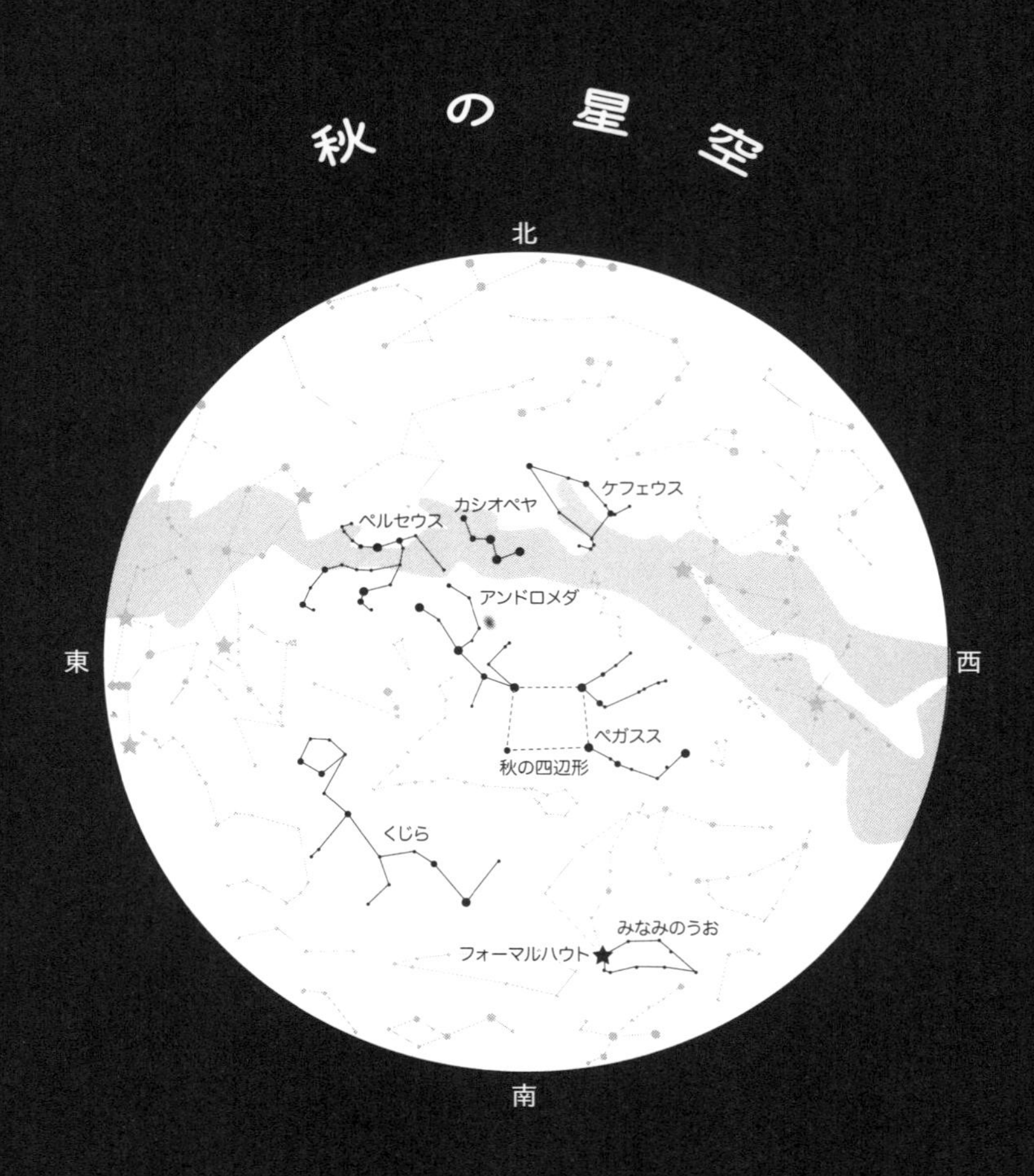

✳ 11月中旬20時 東京の星空 ✳

国立天文台の資料をもとに作成

神話に浸る秋の星座

秋の夜空とギリシャ神話

秋の夜空は明るい星が少ないため、少し寂し気に見えます。

1等星はたった一つ、みなみのうお座のフォーマルハウトだけ。南の空にぽつんと見えるため、「秋のひとつ星」や「みなみのひとつ星」と呼ばれています。

しかし、秋の夜空にはギリシャ神話の世界が広がっているのです。

春夏秋冬、それぞれの季節に神話に登場する星座はありますが、秋ほど一つの物語の登場人物が集まっている星空はありません。だからこそ、あなたに秋の星を知ってほしいと思います。

きっと夜空を見上げるとき、昨年とは違う風景が見えてくることでしょう。

秋の宵空、天高く見えるのが秋の四辺形。

2等星の星を結んでできる四角い星並びです。日本では旗に見立て「はたぼし」と呼ばれます。

私は、はたぼしの呼び名が好きなのですが、秋の空を見上げると、大きな旗が翻っていて私たちを応援しているような気がしませんか？

「今日も応援しているよー！」と空の上から旗を振ってくれているよう。


秋の四辺形付近の星座はペガスス座と言います。

よくペガサスと呼ばれますが、日本での正式な星座名はペガススと言います。

ペガススは背中に翼がある天馬。その姿はとてもかっこいいです。


ところで、秋の四辺形近くにあるペガスス座51番星に太陽系以外の惑星が見つかりました。51番星は肉眼で見るのは難しい5・5等級という暗い星で、地球からは光のスピードでもおよそ50年かかる場所にある恒星です。この恒星の周りを回っている惑

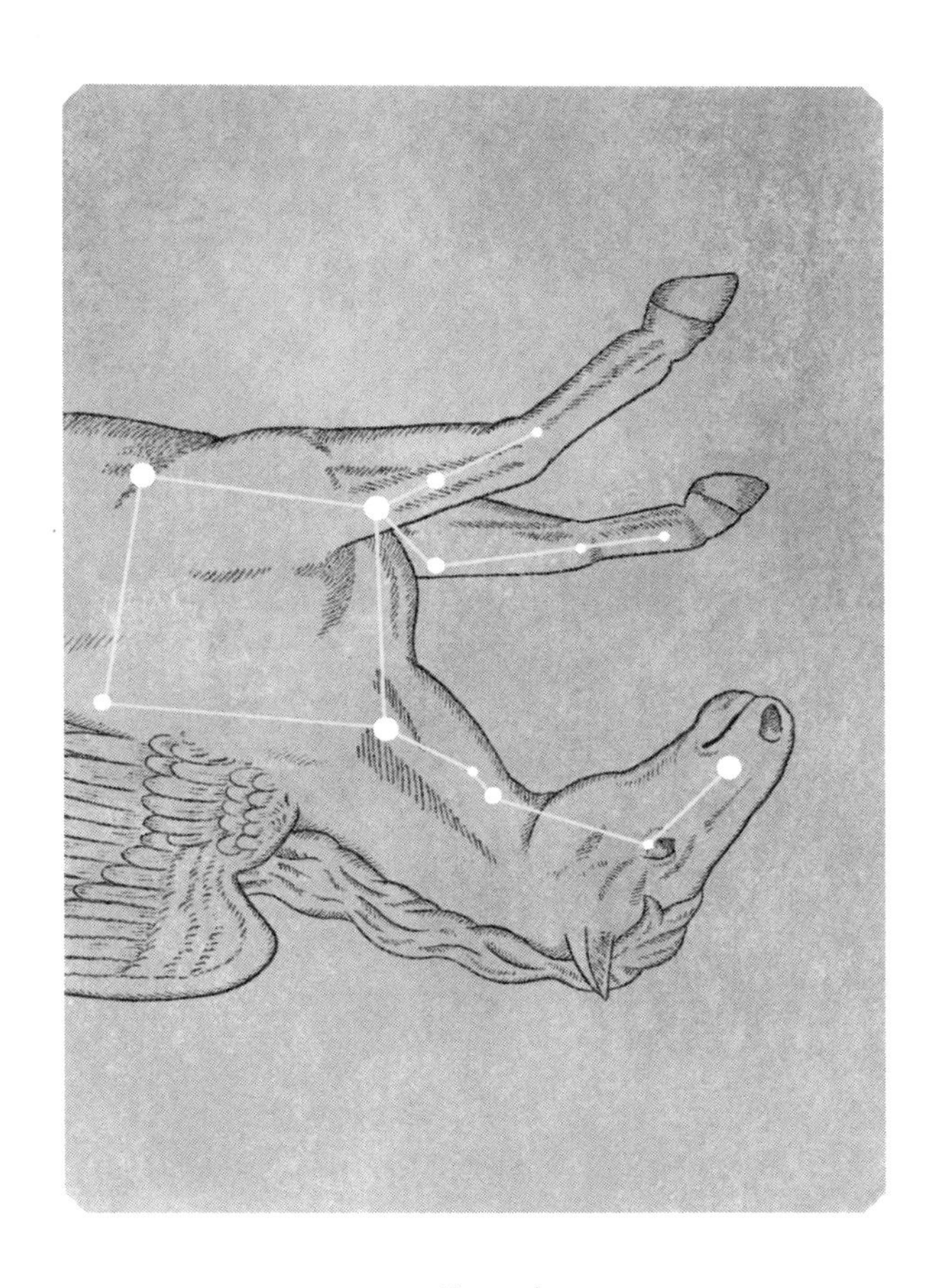

ペガスス座

星が発見されたのです。
昔は遠方の系外惑星は光を出さないため、発見することが難しいと思われていました。しかし時代とともに観測技術が上がり、とうとうペガスス座51番星の周りを回る系外惑星が発見されました。

ペガスス座51番星bと名付けられた系外惑星は、太陽以外の恒星ではじめて見つかった系外惑星でした。観測結果からこの星は木星ほどの大きさで、およそ1000度の熱い星ということがわかり、ホットジュピターと名付けられました。

秋の四辺形の星の一つにアルフェラッツという星があります。
アルフェラッツは馬のおへそという意味なのですが、実はお隣のアンドロメダ座の星です。アルフェラッツから星をアンドロメダの頭文字Aに結ぶとアンドロメダ座のできあがり。古代エチオピアのお姫様です。

この星座の中にはM31アンドロメダ銀河があります。
アンドロメダ銀河は250万光年彼方にある星の大集団です。

私たちが住んでいるのは天の川銀河。アンドロメダ銀河は天の川銀河の外側にある別の銀河です。

地球から見るとぼんやりとした雲のカケラのようなのに、この中に数千億の恒星が集まっているなんて本当に不思議です。

アンドロメダ座の近くにカシオペヤ座があります。カシオペヤはアンドロメダ姫のお母さん。Wの星並びが目印です。

さらにカシオペヤ座のとなりにケフェウス座があります。ケフェウスは古代エチオピアの王様なのでアンドロメダ姫のお父さんです。家族勢ぞろいですね。

不思議の星「ミラ」

物語には悪役が登場しますが、それがくじら座です。

くじらと言っても、前足があり、恐ろしい顔で体中に海藻をつけて現れる化け物ケートスです。

そんなくじら座の中に私が大好きな星があります。それはミラという星です。ミラはミラクルからきた呼び名で「不思議」という意味なのですが、なぜ不思議なのかと言いますと、明るさが変わるためです。

昔は星の明るさは常に変わらないと考えられていました。変わらないから恒（つね）なる星、で恒星なのです。

ところがミラは332日周期で2等から10等にまで明るさが変わるのです。2等星ですと都心での空でも見えますが、10等星になると天の川が見える場所でも肉眼では見えません。昔の人はこんなミラをとても不思議に思ったのです。

実はミラは星の一生の中でも終盤の、年をとった星でした。

ガスが広がって大きく膨張したり、逆に収縮したりを繰り返していたのです。そのため膨張したときはガスの内部の温度が下がり、地球から見ると暗く見えます。収縮したときは明るく見えます。ミラの明るさが周期的に変わるのは、ミラが膨張収縮をしている脈動変光星だったからなのです。

昔から不思議な星と言われてきましたが、２００７年に紫外線宇宙望遠鏡ＧＡＬＥＸによって彗星の尾のような痕があることが発見されました。ミラのこと

くじら座

を考えれば考えるほど不思議の世界に引き込まれます。

いったいどんな星なのか近くで見てみたいものです。


くじら座と言えばもう一つ、歴史的に大切な星があります。

それがくじら座のτ(タウ)星。

地球からおよそ12光年彼方の星ですが、五つの系外惑星があってそのうち二つの惑星がハビタブルゾーンという生命誕生に適した環境の軌道をまわっていることがわかりました。そこのくじら座のτ星が宇宙人探しの標的になったのです。


人類は宇宙を知るにつれ、どこかに知的生命、宇宙人がいるのではないかと考えるようになりました。

宇宙からやってくる電波を調べて宇宙人を探そうという計画が立てられました。それがオズマ計画です。『オズの魔法使い』にちなんで名付けられました。

1960年に天文学者フランク・ドレイクは電波望遠鏡を使ってくじら座τ星を観測しました。残念ながらこのときに宇宙人からの電波をキャッチすることはできませんでしたが、のちにこの計画を引き継いだ知的生命体探査（SETI）が誕生しました。

アメリカのプエルトリコにあった口径305メートルのアレシボ望遠鏡では、宇宙からやってきた電波の中で、人工的な信号を探す取り組みがおこなわれました。

ちなみに私の好きな映画『コンタクト』で、主人公のエリーが務めているのはこのアレシボ電波望遠鏡です。

現在は老朽化のため使用できなくなってしまいましたが、やがてどこかで宇宙人からの電波を受信するときがくるのではないでしょうか。そのときの地球が、戦争など争いを続けている星でなく宇宙人と対等に平和を語れる星になっていることを望みます。


さて、星座の話に戻りましょうか。

物語にはやはり白馬に乗った王子様が重要です。

その王子様はペルセウス王子。アンドロメダ座の東隣で剣を振り上げ片手に退治したゴルゴン・メドゥーサの首を持っている姿で描かれています。

ペガスス座、アンドロメダ座、カシオペヤ座、ケフェウス座、くじら座、そしてペルセウス座、すべての星座が一つの物語に登場します。

秋の夜空は星が少ない寂しい星空でなく、古代エチオピア王家の物語の世界が広がっている心躍る星空です。

秋の夜長、そんな物語に想いを馳せながら、ゆっくりと過ごしてみてはいかがでしょう。

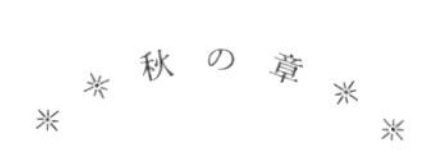

ペルセウス座

古代エチオピア王家の物語

美しい姫と化けくじら

昔、エチオピアの国はケフェウス王と王妃カシオペヤがおさめていました。

二人の間にいたのが一人娘のアンドロメダ姫。カシオペヤ王妃にとって美しいアンドロメダは自慢話の種でした。

そんなある日、カシオペヤ王妃は娘の美しさを自慢するあまりこう言いました。

「私の娘は世界で一番美しい。ネレウス姉妹がどんなに美しいと言っても娘のアンドロメダにはとてもおよばないわ」

ネレウス姉妹とは「海の老人」と呼ばれる海の神ネレウスに仕える50人の妖精たちのことです。ネレウスは美しい50人の妖精たちを自慢に思っていましたから、カシオペヤ王妃が自分たちの方が美しいと自慢をした話を聞いて大変腹を立てました。

「神に仕える妖精たちよりも人間ごときが美しいとは、なんと傲慢な！」

ネレウスは激怒し、「エチオピアの国を荒らしてしまえ」と恐ろしいくじらのケートスをおくりこみました。この化けくじらがエチオピアに現れると、嵐や津波が起きて国は荒れ果てていきました。

ケフェウス王はこのままでは国民が大変なことになると考え、何があったのか予言者をまねいて相談することにしました。すると予言者はこう言いました。

「恐れいります。カシオペヤ王妃様が、海の神に仕える妖精たちの悪口を言ったため、怒りをかったようです。この騒ぎを鎮めるためには、アンドロメダ姫様を化けくじらの生贄にささげるしか方法はありません」

これを聞いたケフェウス王もカシオペヤ王妃も嘆き悲しみました。今まで大切に育ててきた一人娘を、恐ろしい化けくじらの生贄になどできません。しかし、このままでは国が荒れ果ててしまいます。

そんなときアンドロメダ姫が二人に言いました。

「お父様、お母様、私が生贄になることで国中の者が救われるのであれば、私は喜んで生贄になります」

これを聞いたケフェウス王は泣く泣くアンドロメダを海の近くの岩に鎖で繋ぎました。

やがて荒れた海から恐ろしい化けくじらが現れました。アンドロメダ姫は生きた心地もしません。国民もこの様子を見て涙を流しました。

アンドロメダ姫に迫ってきた化けくじらは一飲みにしようと大きな口を開けました。

「もうだめだ」と思ったそのときです。羽のついた靴をはき、光る短剣を持ったペルセウス王子が現れて、化けくじらに向かっていったのです。

勇者ペルセウス

ペルセウス王子はどこから来たのでしょうか。そのためには、少し前に話を戻します。

アルゴスという国の王アクリシオスは、あるときとても恐ろしいお告げを聞きました。それは「将来、自分の孫によって殺される」というものでした。

このお告げを聞いたアクリシオス王は自分の孫であるペルセウスを忌み嫌い、娘のダナエとペルセウスを箱に閉じ込めて川に流してしまったのです。しかし箱を拾った親切な漁師がペルセウスを育て、やがて立派な若者に成長しました。

ペルセウスは剣の腕も良く、美しい若者でどこへ行っても人気者でした。

しかしこれを快く思っていなかった島の王ポリデクテスは、ペルセウスにゴルゴン・メドゥーサ退治を命じます。

この島にはゴルゴン3姉妹という恐ろしい魔女が住んでいました。特に一番年下のメドゥーサは髪の毛1本1本が蛇でできていて、「彼女の目を見たものを石に変える」という恐ろしい力を持っています。

ポリデクテス王はペルセウスの母ダナエを地下牢に閉じ込めて、「メドゥーサの首を持ち帰らないとダナエを閉じ込めたままにする」とペルセウスに言ったのです。

ペルセウスは神に盾と剣をもらい、ゴルゴン3姉妹を倒しに出かけました。

ペルセウスがゴルゴン3姉妹が住む洞窟にやってくると、三人はぐっすりと眠っていました。ペルセウスは盾に映ったメドゥーサに後ろ向きで近づくと、すばやく剣で首を切り落とし、魔法の袋に入れました。

そのとき、メドゥーサの血が近くの岩に染み込み、そこから背中に翼がある天馬、ペガススが現れました。岩にされていたペガススが、魔力から解放されて飛び出してきたのです。

こうしてメドゥーサを倒したペルセウスは、ペガススとともに空へ飛び立ったのでした。

その帰り途中、エチオピア上空を飛ぶペルセウスがふと下を見ると、地上では美しい姫が化けくじらに食べられそうになっているではありませんか！

驚いたペルセウス王子はペガススとともに助けに舞い降りたのです。

ペルセウス王子は退治してきたメドゥーサの首を袋から取り出すと、化けくじらの顔に突きつけます。化けくじらはこの目を見てしまいました。そのとたん、化けくじらはからだを強張らせて大きな岩となり、波しぶきをあげながら海の底へ沈んでいきました。

こうしてペルセウス王子はアンドロメダ姫を助けたのです。海辺にいた国中のものが喝采の声をあげました。

アンドロメダ姫を助けたペルセウスは、その後アンドロメダ姫と結婚して幸せに暮らしました。

ところでペルセウス王子の祖父アクリシオス王はどうなったのでしょう。

ペルセウスの活躍を知った王はラリッサという町に逃げたのです。ちょうどこの町では円盤投げの競技大会がおこなわれていました。なんとたまたま出場したペルセウス王子が投げた円盤がアクリシオス王に命中したのです。アクリシオス王は死んでしまいました。皮肉にもお告げは現実になったのです。

その後、ペルセウスは王となってアンドロメダ姫とともに幸せに国をおさめたというお話です。

こんなにも冒険とロマンスがあふれ、ハッピーエンドの物語は他にありません。

古代からある星座は誰が作ったかわかっていません。そこに伝わる神話も長い歴史の中で作られてきたものです。

星空という大きなキャンバスに古代の人々が考えた星座と物語は、数千年経っても私たちに受け継がれています。

物語の星座は秋の夜長、ひっそりとあなたの頭の上に輝いていますよ。

心が自由でいること

読書の愉しみ

この本を手に取ってくださったということは、あなたはきっと本がお好きなのですよね。私も本を読むことが大好きです。

父や母が本を読んでいる姿をいつも目にしていたので、私の周りに本があることが当たり前だったからだと思います。小さなころには絵本や童話、中学生のころにはミステリーに没頭し、高校生のころには昭和初期の文豪の虜になりました。

小学校低学年くらいのころ、父が仕事帰りに本を買ってきてくれることが何よりの楽しみでした。小学生のときに入っていた読書クラブは私にとっては至福の時間で、重たい大きな本を開いて文字を追いかけるのが大好きでした。

記憶している中で最初に買ってくれた本は、ツタンカーメン王の本だったと思います。エジプトのツタンカーメン王の墓を発見した考古学者ハワード・カーターらが、その後数々の悲劇に見舞われるという話。

今考えると小学校1、2年の女の子に不向きな本だと思いますが、私はこの本に夢中になってエジプトへ行くことを夢見ていました。

大人になって仕事でエジプト行きの夢は達成することができ、カイロ博物館で見たツタンカーメン王の数々の展示を見ることができたときは感無量でした。

本好きの方なら共感してくれるでしょうか。読書は本自体のおもしろさもありますが、本を読んでいるときの時間そのものが良いのですよね。その世界に集中すると、周りがすーっと白くなって、音が遠ざかり、いつの間にかここにいるのに自由に世界を飛び回っている感覚になります。それを味わいたくて、また本を開いてしまうのです。

宇宙人の存在確率

中高校生のときに夢中になったのがカール・セーガンの『ＣＯＳＭＯＳ』でした。宇宙の話や地球の生命、天文学者の話や進化論、宇宙人の可能性などさまざまな話題が詰め込まれた本でした。

『ＣＯＳＭＯＳ』はテレビ番組としても放送され、私は夜遅くに両親の目を盗んで必死に見ていました。

この本の中に、「文明を築いた知的生物が住む星が私たちの天の川銀河の中にどれほどあるのか」について考える箇所があります。

コーネル大学のフランク・ドレイクが考案したドレイク方程式です。

$$N = R_{*} \times f_p \times n_e \times f_l \times f_i \times f_c \times L$$

R_{*}　天の川銀河の中で、1年に誕生する恒星の数

f_p　惑星系を持つ恒星の確率

n_e　惑星の中で生命が存在する環境にある星の平均数

f_l　生命が存在する環境の中で実際に生命が誕生する確率

f_i　生命が誕生した星の中で知的生命がいる星の確率

f_c　知的生物の住んでいる星の中で電波など通信技術を持つ星の割合

L　技術的文明生物の存在する期間

これをすべてかけた数Nが天の川銀河の中で、知的生物がいる星の数です。

この計算の答えはLにかかっています。


こうしている今も宇宙の中では新しい星が誕生しています。

近年、「太陽系外惑星」と言って、星座を作る星のような恒星の周りにつぎつぎと惑星が発見されています。そんな系外惑星の中には「ハビタブルゾーン」と呼ばれる恒星からちょうど良い距離の惑星、水や空気が存在する可能性のある「スーパーアース」と呼ばれる星もあります。

実は地球のような環境の星は宇宙にたくさんあるのかもしれません。実際に地球は太陽系の中で進化を遂げて通信技術を獲得した惑星です。


でも地球で生命が誕生し、その生命が文明を持つためには気の遠くなるような時間が必要でした。

さらにこれから先、せっかく文明を持っても核戦争などによって文明が破壊されてしまえば、私たちは知的生物、宇宙人に会うことはできません。ドレイク方程式の最後のLの数は、今地球に生きている私たちにかかっているのです。

文明がこれから先、千年一万年と続いていけば、知的生命に出会う確率はどんどん上がっていきます。しかし、もしも戦争などで文明が百年しか続かなかった場合、人類が知的生命に出会う確率は0に近づいていくでしょう。

カール・セーガンは『COSMOS』の最後に「宇宙から地球を見ると国境線がない。私たちの文明と人類の運命は、私たちの手ににぎられている」と記しています。

良い本に出合うことは、人生を変えることにもなります。私は『COSMOS』から宇宙のことや地球の中で争っていることがどんなに不毛なことかを学びました。

桜井進さんが執筆された『数学で宇宙制覇』という本の中には「ここにいる自分が宇宙について考え、宇宙を想像すること。数学を使って無限の宇宙を紐解くことで、ここにいながらにして宇宙制覇ができる」と書いています。

人間は考えることができます。本を読むことで、多くを学び、時に自由に楽しみ、宇宙を飛び回ることができます。

あなたも本を開いて、心を自由にして好きな世界を旅してみてください。きっとあなたの心を作る大切なものに出合うでしょう。

月を見上げる幸せ

近くて遠い月

あなたは月を見上げるのが好きですか？

子ども科学電話相談で小さな子どもから毎年必ず
「月がわたしについてくるのはどうして？」
という質問がきます。
あなたも小さなころはそんな風に思ったことがあるんじゃないですか？

月は地球から平均38万キロメートル彼方にあります。
地球を30個分並べた先に月があります。もしも地球をサッカーボールくらいとするなら、月は6メートル先にあるテニスボールくらいの大きさ。

月は地球の周りをいつも同じ面を向けて回っていますが、楕円軌道なので地球から遠いときは40万キロメートル、近いときは35万キロメートル。

電車に乗って窓から流れる景色を見ると、近い建物は早く遠ざかるのに、遠くの建物や山はなかなか遠ざかりません。月はとっても遠くにあるので私たちが一生懸命走ってもついてくるように見えるのです。


月が見えていれば、その月は遠く離れた国に住んでいる人も同じように見ることができます。南半球では北半球に住むあなたが見る月が逆さまになった姿で見えています。でも同じ月です。宇宙で作業をしている宇宙飛行士の人たちも見ることができる同じ月なのです。


月の光はただそこにあるだけなのに、その月の光を愛おしく感じている人がいたり、大切な人を思いながら見上げている人がいる。誰でも見ることができる月があなたの上にある。

それって本当に素敵なことではないですか？

ジャイアント・インパクト説によると、そもそも月は生まれたころの地球にはなかったのです。月は偶然、地球の衛星になりました。

地球が生まれたのは46億年前という、遥か昔のことです。そのころの地球はマグマに覆われていました。海もなく、まだ草木も生えていないし、もちろん生き物もいませんでした。そんな地球が生まれて間もないころ、地球に大事件が起きました。地球の半分くらいの大きな星、原始惑星が地球にぶつかったのです。

もしもこのとき地球に生き物がいたとしても、すべて息絶えていたことでしょう。しかしありがたいことに、このころの地球には何もいませんでした。

そして、この衝突が地球の運命を変えることになるのです。

ぶつかった星のカケラと地球のカケラが集まって地球の周りをぐるぐると回るようになります。やがてそれらのカケラが集まって一つの星ができてきました。それが月なのです。

ですから月は偶然が重なってできました。

広い宇宙の中で、地球が誕生したころに原始惑星がぶつかるなんて、そんな偶然があるとは本当に不思議です。

でも、月ができたおかげで地球の自転のスピードが遅くなりました。それまでの地球は5時間くらいで1回転していたのです。1日が5時間くらいということです。すごく速いスピードで回っているということは、地球上ではかなり強い風が吹いていたことになります。その強風のため地球はとても生命が誕生できる星ではなかったと言われています。月ができて、地球の自転速度が遅くなったおかげで、地球は生き物が命を育むことができる惑星になったのです。

あなたが今ここにいるのは、一つは月のおかげなのです。

日本人と月

日本人は月を見上げるのが好きなようです。古来から月にまつわる和歌などが数多く残されていますし、お月見の行事は今も日本全国でおこなわれています。しかし、まったく違う感覚でとらえている人たちもいたようです。月の女神「ルナ」からうまれた「ルナティック」という言葉には、「狂人」だとか「精神異常」などの意味がありますし、満月の狼男の伝説なども月があまり良いイメージでないことからきたようです。同じように月を眺めていても、とらえ方が違うのですね。

中秋の名月（お月見）は月を愛してきた日本人の想いが受け継がれてきた行事です。かつて日本では月の満ち欠けをもとにした「旧暦」を使っていました。旧暦では7月から9月が秋にあたります。真ん中の8月を仲秋と呼び、さらに真ん中の15日が中秋。この日に見る月が中秋の名月です。人々は秋の収穫を祝い、月を見てお祭りをしてきたのです。

あなたも幼いころにすすきを飾ったり、お月見団子を食べたりしたことはありませんか？

でもお月見はその日だけではありません。

月は満月の日は太陽が西へ沈んだ後、東からのぼってきますが、翌日には太陽が沈んでから平均50分ほど遅れて東からのぼってきます。中秋の名月のころは日々の月の出時刻が早く、平均30分ほど。ですから中秋の名月の翌日には30分ほど遅れてのぼってきます。月は日ごとに遅くなって、東からのぼってくるのです。

＊＊秋の章＊＊

中秋の名月は十五夜なので、翌日は十六夜と書いて「いざよい」と呼ばれています。古語の「いざよう」は、「ためらう」という意味。月の出が少し遅いので、恥ずかしがってのぼってくるように見立てたようです。

十六夜の翌日は立って待っているとのぼってくるので立待月（たちまちづき）。

さらにその翌日は立って待っていてものぼってこないので、「座って待とう」ということで居待月（いまちづき）。

その翌日は「もう寝て待とう」という寝待月（ねまちづき）。

お月見の夜から遅くのぼる月に毎日名前がついているのですが、それだけ昔の人は月を愛でていたのですね。なかなか素敵だと思いませんか？

さらに旧暦9月13日は「のちの月」と言い、中秋の名月と合わせて月を見ることが良いとされていたそうです。

そんなに月ばかり眺めていたなんて。

でもわかる気がするのです。私は自分がとても辛いとき、煌々と光り輝く月を眺めて心が軽くなったことがありました。太陽のようなまぶしさでなく、やわらかい月の光に照らされた自分がとても心地よく、怒りや悲しみ、不安がすーっと消えていくような気がしたのです。

きっと、遥か昔、あなたのおじいちゃんのおじいちゃんも見上げていた月。その命を受け継いであなたがいるから、私たちは月を通して過去と繋がっているのかもしれません。だから月を見上げる幸せを私たちは感じるのでしょう。

星から生まれた私たち

星の一生

星を見上げているとなんとなく落ち着く、という方が多くいらっしゃいます。
あなたはどうでしょう？

私が天文学を勉強していて一番感動したことは、「星と私たちの繋がり」でした。星は絶えず輝き、その輝きを止めないと昔の人は思っていました。だから夜空に輝く星座の星は恒なる星、「恒星」と呼ばれるのです。でもそんな星にも一生があることがわかってきました。人間の一生に比べれば途方もなく長い時間ですが、それでも星には死が訪れます。

人間は一つの星の一生に関わることはできませんが、数々の星を観測することで、星の一生を知ることができるようになりました。

星は宇宙にある水素などのガスの中から生まれます。そんなガスが集まると、引力によりさらに外側にあるガスを集めて大きなガスのかたまりに成長していきます。ガスの中心はぎゅうぎゅうと押しつぶされ、密度が高くなります。

あなたはおしくらまんじゅうをしたことがありますか？からだを押し付けていくとだんだんと熱くなっていきますよね。同じようにガスの中心が熱くなり、温度がどんどん上がります。やがて1千万度を超えたくらいになると水素がヘリウムに変わる核融合反応が起こります。これが星の誕生です。

たとえば冬の夜によく見えるオリオン座の中には、オリオン大星雲という天体があります。

この天体は星が誕生する場所で、すでに赤ちゃん星が生まれて周りのガスを照らしています。生まれてから星はとても長い時間を過ごします。太陽の場合は100億年ほどの寿命があります。

ところで、重たく大きな星と軽くて小さな星、どちらが長生きだと思いますか？星の寿命は生まれたときの重さで決まります。一見すると重たく大きな星が、輝く燃料がたくさんあって長生きだと思われますが、実は反対で長生きできるのは軽く小さな星。小さな星の方が燃料を節約しながら輝くので長生きなのです。

いずれにしても、生まれた瞬間の重さによって一生が決まるのが星。人間は自分の生き方次第でいくらでも変えられるので良かったですよね。

太陽は、あと50億年ほどすると年をとって燃料である水素が少なくなっていきます。するとバランスをとるため大きく膨らんで、その結果温度が下がって赤くなります。たとえばオリオン座のベテルギウスがその状態です。

太陽くらいの重さの星はさらに大きく膨らんで周りのガスを宇宙に逃がすと、中心に「白色矮星（はくしょくわいせい）」と呼ばれる星が残ります。白色矮星になると、だんだんとその輝きを失っていきます。これが太陽の最期です。

太陽よりもおよそ8倍以上重たい星は、超新星爆発と言って、核融合反応が進んで大爆発を起こします。爆発した星は中心に「中性子星」という大変重たい星を作ります。

さらに、太陽よりも25倍以上重たい星は爆発後にブラックホールになります。

星が生み出すもの

星は一生の中で輝くことによってさまざまな元素を作ります。元素は宇宙の元と言って良いかもしれません。太陽は水素からヘリウムを作ります。しかしそれ以上の元素は作りません。でも太陽よりも重たい星はさらに核融合反応が進み、炭素や酸素、マグネシウム、硫黄などさまざまな元素を作るのです。

学生のころに周期表を化学で習ったと思いますが、星は軽い順番にいろいろな元素を作っていきます。鉄は安定した元素なので星はこれ以上重たい元素は作ることができません。星の核融合反応で作ることができる元素は鉄でおしまいです。

しかし星が超新星爆発を起こすと、とてつもないエネルギーが出ますので、このときに鉄よりも重たい元素ができます。このように星が一生の中で、そして最期の大爆発によって作られる元素がとても大切なのです。

あなたの周りにあるものを見まわしてみてください。あなたが吸っている空気も川の水も木々も人間が作り出した本も建物もみんな元素の集まりです。それどころか、あなたのからだの中にある骨を作るカルシウムも血の中にある鉄もすべて元素の集まりです。その元素を作ったのは、星なのです。

そう、この世界を作ったのもあなたを作ったのも星なのです。そう考えると星と私たちは深い繋がりがあることがわかりますね。私たちは星から生まれたと言えると思います。

さらに太陽を調べてみると、先ほどお話した通り、太陽は水素からヘリウムを作り出して輝いていますが、太陽からは鉄などの重たい元素は作られません。でも地球には鉄もあれば、さらに重たい鉛や金、ニッケルなど鉄よりも重たい元素がありますね。なぜなのでしょう。

この答えは、太陽が生まれるよりも前に、重たい星があり、一生を終えて大爆発を起こしてさまざまな元素が宇宙に広がったと考えられます。そしてその元素がめぐりめぐって太陽が誕生したのです。

太陽になれなかった元素は次第に太陽の周りを回るようになり、地球が誕生したのです。太陽は宇宙が生まれて何世代か後に誕生した星、ということです。

悠久の時の中で、宇宙が誕生し、星が生まれ、星が核融合反応によってたくさんの元素を作り、それがめぐりめぐって地球が生まれて、その地球に生まれた生命を繋いで、ようやくあなたにたどりついたから、あなたが今ここにいるのです。

その気の遠くなるような時間と偶然の積み重ねで、あなたが今ここにいるのです。

宇宙を知るということは、自分を知ることなのかもしれません。

生きていく中で、星と私たちの繋がりなど知らずに生きていくことができます。

しかし、星との繋がりを想うと、なんてすごい世界の中に生きているのだろうと思わずにいられません。

あなたはその広大な宇宙の中で、たった一人のかけがえない存在です。
それを、宇宙は証明しているのです。

星を見上げる人の想い

解説員の仕事は解説？

プラネタリウムの仕事は星空解説をすることだけと思われがちですが、それは多くの仕事のほんの一つに過ぎません。解説員の仕事は、運営、人事、会計、接客誘導からチケット販売までさまざま。

そんな中で運営の軸となるのは番組制作とイベントの企画開催です。

番組というのは、星空解説とは別にテーマを決めて作られた映像作品です。月や惑星、銀河などの宇宙の話や天文現象、さらに物語や音楽番組など、テーマは無限です。

多くのプラネタリウム館では配給番組と言って、できあがった番組をレンタルし、映画のように上映するのですが、私は以前より解説員が番組制作をするスタイルにこだわりを持ってやっています。ですから私が今まで関わってきたプラネタリウム館では、解説員が番組制作をしてきました。

番組制作は、まず担当解説員がテーマを決めます。テーマが決まると、構成を考えます。たとえば、流星群がテーマに決まると、最初に流れ星の綺麗な映像を出そう、次に流れ星が見られる理由や流れ星がいつ起こるのかという話をして、最後に流れ星を見る方法などを話す、という感じです。

構成が決まればシナリオと絵コンテを作ります。番組は映画を作るようなもので、担当解説員は映画監督のようなもの。最終的に制作会社の方とやり取りをする場合は、動画やＢＧＭを依頼して一つの番組として仕上げていきます。

番組制作はとてもおもしろいのですが、やることがたくさんあります。テーマに沿った内容の勉強はもちろんのこと、どう演出するのか、どんな映像を出せば良いのか、すべてを決めなければいけません。同じテーマでも見せ方によってまったく印象が変わってしまいますし、苦労して作ってもお客さまから満足していただけないと意味がありません。

私が最初に手掛けた番組は「電波で見た宇宙」。先輩解説員からお題をいただき、四苦八苦しながら勉強したのを覚えています。その後、何作も番組制作を手掛けましたが、ときには番組開始日前日になっても仕上がらず、明け方まで作業をして、2時間だけ仮眠をして戻り、ようやく本番を迎えたこともありました。

番組制作をしていると、映画を見ればこんなテーマが良いかもと思ったり、音楽を聴けば、この曲が使えそうと思ったり、芝居を観ればこんな演出がしたいと思ったり。今でもそうですが、私の日常はすべてプラネタリウムに繋がっていくのです。

サンタインスペース

そんないろいろな番組制作の中で印象に残っている番組があります。それは「サンタインスペース」という番組です。

この番組は当時の解説員がプラネタリウム制作会社と一緒に番組を作り上げました。シナリオは、日系アメリカ人の小学生、西村ヒロくんという子の実話をもとにしました。

ヒロくんは癌を患っていました。病院で見たスペースシャトル打ち上げをきっかけに「サンタクロースは宇宙にいるんだ!」と思ってスペースシャトルとサンタクロースが宇宙にいる絵を描いたのです。その絵がアメリカで広まり、やがてヒロくんの絵はポストカードになって、スペースシャトルに乗った宇宙飛行士の手によって本当に宇宙に行くことになったのです。

この話をもとに番組を作るために、当時のスタッフがアメリカに住む西村ヒロくんのご両親に連絡を取りました。ヒロくんのご両親は大変喜んでくださり、さっそく番組制作がスタートしました。

ヒロくんが描いた数々の作品がプラネタリウムドームに映し出されました。番組がスタートしたところで、アメリカからヒロくんのご両親がプラネタリウムにやってきました。ヒロくんの遺影を持ちながらプラネタリウムの空を見上げていたご両親を見ながら、私は涙をこらえて解説をしました。

この作品をきっかけに私とヒロくんのお父様とのメールでのやり取りがはじまりました。プラネタリウム番組を録画して自宅で何度も見ていること。私の声に癒やされ励まされたこと。また会いたいということ。

そうして何年かやり取りをしていたある日、ヒロくんのお父様から一通のメールが届きました。そのメールにはヒロくんと同じ病気になったこと、でも同じ病気になったからヒロくんの気持ちがわかること、そして、プラネタリウム番組でヒロくんのことを取り上げてくれてありがとうということが書かれていました。あれからずいぶん時が流れましたが、私は今でもヒロくんのお父様の温かい笑顔を忘れられません。

多くの番組制作をする中で、今までいろいろな方に出会いました。そしてその出会いの中で、私はいつも人の想いを感じます。星空はいつも同じように輝いていますが、同じ空を見上げている私たちはそれぞれに違う想いを抱いています。

あなたは今夜、どんな気持ちで空を見上げますか？
大切な人のこと？　思い出の風景？　未来の自分のこと？

あなたが立っているその場所で、かつて同じように星空を眺めていた人がいたかもしれません。そう考えると、大きな宇宙の中で星空はめぐり、命もめぐっていく。今あなたは、悠久の時の中の一瞬を生きているのです。だからこそ、この時間を大切にしてください。

冬の章

✳ 2月中旬20時 東京の星空 ✳

国立天文台の資料をもとに作成

冬の夜を飾る星座

いちばん明るい季節

吐く息が白くなり、凛と張り詰めた空気の中で、見上げる冬の星。凍える寒さの中で見上げる冬の星は、1年の中でも特にきらめいて見えます。冬の星は明るい1等星が多く、街明かりの中でも夜空が華やいで見えるので本当に綺麗。

冬の夜空に明るい星が多いのは、寒くてあまり外にいられなくても、あなたが星座を早く見つけられるように、神様が明るい星を夜空においてくれたのかも。そんな風に思ってしまうほど、明るい星が集まって見えます。

都会でも見える1等星は全天で21個。そのうち冬の夜空を彩る1等星は8個。明るい星が多いから冬の夜空が華やいで見えるのです。

特にこの季節、明るく輝いているのが、おおいぬ座のシリウスです。シリウスは「焼き焦がすもの」という意味。その名前の通りシリウスは全天で一番明るい星なのです。

正確なことを言うと、シリウスは1等星の星よりも明るくて、星の明るさを表す等級で言うとマイナス1・4等級。地球からは点のように見えても、実は太陽の25倍以上もの明るさで輝いています。ヨーロッパでは夏の時期にシリウスが日の出の直前に太陽と一緒にのぼるので、真夏が暑いのはシリウスのせいだと思われていたようです。

シリウスはおおいぬ座の中の星です。

おおいぬ座は神話の中では地獄の番犬ケルベロス。頭が三つもあり地獄から人が逃げ出さないように見張っていたというかなり強面の犬です。

おおいぬ座のシリウスから視線を上に持っていくとこいぬ座のプロキオンが見つかります。プロキオンは「犬の前に」という意味でおおいぬ座のシリウスよりも少し前にのぼってくる星です。

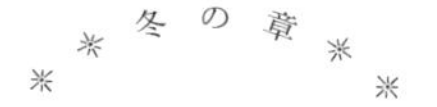

おおいぬ座

古代エジプトでは毎年ナイル川が氾濫しました。星を使って暦を考えて古代の人々は、ナイル川の氾濫の時期が、シリウスが太陽に先駆けて東からのぼる時期だと知りました。そのため、プロキオンがのぼってくると、そろそろシリウスがのぼりナイル川の氾濫の時期だと人々は知ったのです。プロキオンはシリウスよりも少し早くのぼる、シリウスの道しるべの星だったのですね。

私は以前エジプトに行ったことがあるのですが、エジプトの夜空で見上げるシリウスやプロキオンが数千年前のエジプトの人々も見上げた同じ星だと思うと、遥かいにしえの人々と同じ星を眺めている不思議さを感じました。

同じ地球に生きて、同じ星空の下で毎日笑ったり、泣いたりしながら暮らしていたのでしょうか。時代は過ぎても、やはり私たちの頭の上にシリウスとプロキオンが輝いています。

プロキオンからさらに上を見上げると、そこには仲良く輝く二つの星。ふたご座のカストルとポルックスです。

ふたご座

仲良しの兄弟で明るい1等星が弟ポルックス、兄カストルが少し暗い2等星の星です。日本では金星銀星（きんぼしぎんぼし）と呼ばれています。

星がつなぐ想い

さて、冬の星の代表選手と言えば、なんといってもオリオン座。ギリシャ神話に登場する狩人の星座です。

オリオンの肩のあたりに輝くベテルギウスと左足のリゲルが1等星の星。ベテルギウスは赤っぽく、リゲルは青白く、二つの星を見ていると星にもみんな個性があるなぁと感じます。夜空の中で青白く凛と輝くリゲルは、遠くから私たちを元気づけてくれるように輝いています。赤い星、青い星。星の色って素敵ですよね。あなたは何色の星が好きですか？

星座の星はみんな自ら輝いている恒星という種類の星。恒星は地面がないガスの星です。表面の温度が低ければ赤い色、高ければ青白い色。その輝く光を私たちは地球

オリオン座

で受け止めて、色を感じているのですね。赤い星も青い星も、今まさに宇宙の中で輝いている星です。

ベテルギウスとリゲルの間に、行儀よく並ぶ三つの星はみつぼし。
それぞれもミンタカ、アルニラム、アルニタクという名前があるのですが、一般的にみつぼしと呼ばれることが多いです。私も、この「みつぼし」という名前がぴったりだと思います。

みつぼしを結んで、夜空にすーっと右上に伸ばすとオレンジ色のアルデバランが見つかります。
アルデバランはおうし座の目にあたる星で「後に続くもの」という意味の星です。何の後につづくのかは、もう少し星を右上に伸ばすとわかります。そこに輝くのは星の集まり。肉眼では6〜7個ほど星が集まっているように見えるプレアデス星団。日本では「すばる」の呼び名で知られています。

すばるという和名は昔から知られていて、平安時代の女流作家である清少納言が

『枕草子』の中で登場させています。清少納言は美しい星をあげているのですが、トップに輝いたのがすばるでした。

星はすばる、彦星、ゆうづつ、よばいぼしすこしをかし……と書いています。

星はすばるが一番美しいというのですね。ちなみに2番目が七夕の彦星でこれはわし座のアルタイル。3番目がゆうづつ、ですがこれは「宵の明星」、金星のことです。そして「よばいぼし」は流れ星のこと。すばるは全天の中で特に光り輝いて見えるわけではありません。しかし、いくつかの星がよりそって静かに輝いている姿は、日本人の奥ゆかしく人と共に生きる気質に合っているのかもしれません。

ふたご座のとなりで、おうし座の上に輝くのがぎょしゃ座。ぎょしゃ座の1等星はカペラといいます。

カペラは明るく輝く星で地平線近くにくると時折、赤や青や紫などいろいろな色に変化して見えます。これは空気が分光器のような役割をするためなのですが、そんなときに人々はカペラを見つめ「虹星(にじぼし)」と呼んだそうです。

おおいぬ座のシリウス、こいぬ座のプロキオン、ふたご座のポルックス、ぎょしゃ座のカペラ、おうし座のアルデバラン、そしてオリオン座のリゲル。1等星で結ぶ冬の夜空に現れる大きな六角形。これが冬のダイヤモンドです。

とびきり大きなダイヤモンドは、嬉しいことに街明かりのある場所からでもじゅうぶんに見つかります。私は天気の良い冬の夜、仕事の帰り道にこの大きな冬のダイヤモンドを必ず見上げます。そしてこう想います。東京に住んでいる私も、九州や北海道に住んでいる友人も、同じように見上げることができる冬のダイヤモンド。

きっとみんなも同じように見上げているんだろうなぁ、と。あなたの大切な人も同じように見上げているのではないでしょうか。星って遠く離れていても、私たちを繋いでくれる赤い糸のようなものかもしれませんね。

寒い冬の季節でも、きらめくダイヤモンドは、きっとあなたの心を少し温かくしてくれると思います。

※※冬の章※※

星空で輝く絆

悲しい恋物語

冬の星座の中で一番人気を誇る星座はオリオン座です。オリオンはギリシャ神話に登場する人物の中でもなかなかのイケメンだったそうですが、悲しい恋の話が伝えられています。

あるところにオリオンという狩りの名人がいました。オリオンは大変強かったため、凶暴なライオンでも一人で仕留めることができるほどでした。オリオンは仕留めたライオンの毛皮をいつも身にまとい、狩りをするために森を歩きまわっていました。

あるとき、オリオンはクレタ島で月の女神アルテミスと出会いました。アルテミスは狩りの女神でもありましたので二人は毎日一緒に狩りをして過ごしました。

次第に二人は打ち解けていき、仲良くなっていったのです。オリオンは美しいアルテミスにすっかり心惹かれました。アルテミスも、力が強く顔だちも良いオリオンに心惹かれ、二人は恋人同士になりました。二人のことはアルテミスに仕える妖精たちにすぐに知れ渡り、二人は結婚するのだとうわさされるようになりました。


このうわさを聞いたのがアルテミスの兄、太陽の神アポロンでした。

オリオンは強い男ではありましたが少々乱暴なところがありました。オリオンのことを良く思っていなかったアポロンは妹が心配でたまりません。アルテミスがオリオンと結婚するなど、決して許すわけにはいきません。


しかしそうこうしていくうちに二人はさらに惹かれ合い、いよいよ結婚を誓うようになりました。これを知ったアポロンはアルテミスを呼び「オリオンとの結婚は絶対に許さない！」と言いました。

しかし、アルテミスは「お兄様がいくら言っても私はオリオンと結婚します」と聞く耳を持ちません。アポロンは何とかしてアルテミスとオリオンの仲を壊してやろうと日々をおくっていました。

そんなある夜、アポロンが海を見るとオリオンが水浴びをする姿が見えました。遠くから見ると大きなオリオンの姿は黒い岩のように見えました。これを見たアポロンは大変な悪だくみを思いついたのです。アポロンは金色の光をオリオンの頭に当て、アルテミスを呼んでこんなことを言ったのです。

「おいアルテミス、お前はいつも弓の腕を自慢しているが、いくらお前でもあの遠くの岩に矢を射ることはとてもできまい」

これを聞いたアルテミスは腕に自信がありましたから、すぐさま弓を構えると、きりりと矢を引きました。矢は海の上を一直線に飛び、見事にあたりました。

翌日になり、アルテミスはオリオンが浜辺に打ち上げられているのを見つけました。倒れているオリオンの胸には自分が放った矢が刺さっています。これを見たアルテミスは自分が愛するオリオンを自分の手で殺してしまったことを知ったのです。

アルテミスは悲しみのあまり泣きくずれました。しかし、どんなに泣いても叫んでもオリオンが生き返ることはありません。アルテミスの悲しみは深く、何日も何日も嘆き悲しみました。

アルテミスの父である大神ゼウスは、この様子を哀れに想いオリオンを夜空にひろいあげて星座にしました。しかもアルテミスがオリオンに会えるようにと、月の通り道にオリオンをあげたのです。こうして今でもアルテミスは愛するオリオンに会えるようになりました。

月は毎日満ち欠けをしながら夜空をめぐる中で、オリオン座の近くを通る日があります。愛するオリオンに会うため、アルテミスは月の馬車で会いにいくと伝えられています。あなたもオリオン座と月が並んで見えた夜は、アルテミスがオリオンに会っていると思ってくださいね。

自慢の弟

オリオンとアルテミスは恋人同士の話ですが、兄弟の愛を伝えているのがふたご座の神話です。

ふたご座となった二人は、大神ゼウスとスパルタの王妃レダの間に生まれたふたごでした。神様と人間の間に生まれたため、兄カストルは人間の血を、弟ポルックスは神様の血を受け継いでいました。そのため兄は限りある命、弟は不死身のからだを持っていたのです。

二人は大変仲が良く、大きくなってからは兄のカストルが乗馬の名人、弟のポルックスはボクシングの名人になりました。

成長した二人は船に乗ってギリシャの英雄と共に航海に出かけました。

この船に乗っていたのが、二人のいとこのイーダスとリュンケウスでした。はじめのうちは四人仲良く協力して冒険をしていましたが、牛の群れをとらえる冒険をやり終えて牛を分けようとしたとき、イーダスとリュンケウスはすべて奪い取って帰ってしまったのです。このことがきっかけで四人は険悪な仲になってしまいました。

カストルとポルックスが結婚したときの宴の席でも、イーダスとリュンケウスが二人を侮辱する言葉を吐いたため、とうとう四人は大喧嘩になりました。そして、怒りで興奮したイーダスが槍でカストルを刺してしまったのです。

「兄さん！」

ポルックスが駆け寄ったときにはカストルは息をひきとっていました。

大切な兄を亡くしたポルックスは嘆き悲しみました。

「私の命はいりません。どうか兄を助けてください！」

ポルックスの悲痛な叫びを聞いた大神ゼウスは、ポルックスの命を兄に半分分け与えて二人を夜空にあげたそうです。


ですから今でもこの二つの星は、冬の夜空の中でよりそって輝いているのです。ふたご座の二つの星をよく見ると、ちょっとだけ兄カストルが暗く弟ポルックスが明るく見えます。ポルックスは1等星、カストルは2等星です。この兄弟は弟の方がちょっと目立ちたがりやと覚えておいてくださいね。兄カストルは自分を助けてくれた弟が自慢なのでしょうか。控えめに輝いています。

冬の星座のオリオン座とふたご座は、お互いを想う気持ちから死んでしまってもなお一緒にいたいという想いで天の世界で一緒になったというお話です。

こんな話が伝えられているのは、たとえこの地上で離れてしまうことになっても天の世界では出会えると願っていたからかもしれませんね。

地球の歴史を1年にすると

地球の生い立ち

あなたが生まれたのは今から何年前ですか？　生まれてから、こんなにも時間が経ったのかと思われているかと思いますが、その命はどこから繋がってきているのでしょう。そんなことを考えたことがありますか？

太陽や地球が誕生したのは今から46億年ほど前だと言われています。

太陽は、宇宙に漂うチリやガスが集まって誕生しました。太陽になれなかったチリやガスは太陽の周りを回りながら微惑星を作っていきました。微惑星は互いに衝突をしたり合体したりしながら、惑星へと成長していったのです。そして地球が誕生しました。

原始の地球はまだ生き物もいませんし、あなたが今吸っているような空気もありませんでした。水蒸気や二酸化炭素の大気に包まれ、マグマの海に覆われた熱い星だったのです。やがて水蒸気が冷えていくと大地が固まり、天から雨が降りはじめました。雨は降り続き、やがて地球に海が誕生したのです。

およそ38億〜35億年前に、最初の生命が誕生しました。生命と言っても細菌ですが、単純な単細胞から生物が徐々に進化して、およそ27億年前から19億年前にはラン藻類というバクテリアが出現しました。ラン藻類が太陽の光と二酸化炭素で光合成をするようになると、二酸化炭素を酸素に変えていきます。

もともと地球は96％が二酸化炭素の大気でした。この大気では私たちは生きていけません。海ができ、二酸化炭素が次第に海に溶け、光合成をして酸素をつくる植物が出てきたおかげで地球の環境は静かに変化していきました。

あなたがここにくるまでに、数十億年という長い時間をかけて今の地球の環境へと変わっていったのです。

ここで地球の歴史を1年のカレンダーにしてみましょう。

地球が誕生したのは1月1日、元旦。

原始惑星が地球に衝突して月ができたのが、1月5日から6日。

地球が徐々に冷えて海ができたのが1月24日ころ。

バクテリアが出現したのが3月29日ころ。

爬虫類が出現したのは12月5日になってから。

恐竜が絶滅したのが12月26日。

人類が直立二足歩行をはじめたのが12月31日15時39分。

そして人類の文明がはじまるのが12月31日大晦日の23時59分47秒。

私たちが人類の長い歴史と思っている時間は、地球の歴史の中では13秒程度ということです。そう考えると地球は途方もない時間をかけて、今の環境を作り上げたことになります。想像を絶する時間の中で、地球が育んだものは、生命でした。

奇跡の存在

あなたは生まれてから自分の人生がはじまったと思っているかもしれませんが、生まれる前には地球に誕生し、生まれた命が何世代も気の遠くなるような時間をかけた結果今ここにあなたがいます。その命は途切れることなく、ずっとあなたに向かって時を進めてきました。

私は天文学を勉強したときにこのことを知って、自分の命がとても大切なものだと知りました。もしもあなたの祖先のうち、一人でも命を落としていたら、今ここにあなたはいないわけですし、地球の歴史の中で生命が生まれる環境でなければ、そもそも地球にあなたも私もみんなもいなかったのです。

よく地球は奇跡の星、私たちは大切な存在と言われますが、本当にそれを実感することはあまりないでしょう。でも天文学はしっかりとその貴重さを教えてくれます。私たちが今ここにいる確率を計算すると10の4万乗分の1と言われています。それはバラバラに壊した時計をプールに投げ入れて、プールの水の流れだけで元の時計に戻る確率と同じくらいだそうです。それは奇跡の確率ではないですか？

でもその奇跡が起こり、あなたがいるのです。その命が繋がっているのです。

すごく苦しいときに、人はもう生きていても仕方がない、自分は何の役にも立たない存在だと思いがちです。でもその命は地球46億年が必死で繋いできた命です。だから、地球は奇跡の星なのです。この地球に生まれた一人一人の中で役に立たない命など一つもないのです。

そしてあなたも奇跡の存在。もしも少し疲れてしまって、自分がちっぽけな存在だと思ったら、どうか地球に長い時間繋いできた命のこと、あなたが奇跡の存在だということを思い出してください。

心の中の真実

真実の探求者

中学生のころ、気になる天文学者がいました。それは1630年にこの世を去ったヨハネス・ケプラー。太陽系の惑星の動きを解き明かした「ケプラーの法則」で知られるドイツの天文学者です。

彼の生きた時代は、地球が宇宙の中心と考えられていた時代で、教会の教えでは地球中心の天動説が支持されていました。この考えに背くと異端者とされ、火あぶりにされる時代でした。

実際、ケプラーの母親カタリーナも薬草を使って人々を治療していたため、魔女と噂されて裁判にかけられたのです。ケプラーは幼いころに天然痘にかかって視力が落ち、手も不自由になります。また、幼少期は明るい子どもではなかったようです。

それでも、ケプラーは奨学金を受けて大学に進学すると天文学や数学を学びました。

大学卒業後は教師となりますが、情勢不安のため失業してしまいます。

そんなケプラーを助手として迎え入れたのがティコ・ブラーエです。この時代は望遠鏡がまだなかったのですが、ティコはとてつもなく良い目を持っていたため正確な肉眼観測をおこなっていました。しかしティコは大変性格が荒々しく、平民のケプラーに自分の観測結果を渡すことを拒んでいました。そのため二人の間では争いが絶えなかったようです。

そんなティコも自分が老いて、余命わずかになると「私の人生が無駄であったと思わせないでほしい」とようやくケプラーに観測結果を渡すのです。

そこからケプラーは数年をかけて地球が太陽の周りを楕円軌道で回っていることや、惑星の動きには法則があることを発見していくのです。これがケプラーの法則です。

しかしケプラーは人々に認められることがなく最期を迎えます。今ではケプラーのお墓がどこにあったのかもわかっていないのです。

ケプラーはたとえ周りがすべて黒と言っても、自分が白だと思うことは絶対に曲げない人でした。この時代は教会に背く考えを通すと、ともすれば命の危険すらあったはず。しかしケプラーはあきらめることなく、ティコの観測結果をもとにして惑星の動きの法則を導き出してしまうのです。

ケプラーのすごいところは、それまで神が作ったものとされていた宇宙を数学によって解き明かしたことです。しかもケプラーの時代は、まだ数学も今のように微分積分や三角関数などの手法が体系化されていなかったにもかかわらず、自分なりの計算方法で法則を導き出しました。そんな途方もなく膨大な計算をしてようやく導き出したケプラーの法則が認められたのは、ケプラーが亡くなった後のことでした。

ケプラーは寂しい人生だったのでしょうか?

私は「幸せだったんじゃないかな」と思うのです。ケプラーは解き明かしたいと願っていた宇宙の法則を、見事に解き明かしたのですから。きっとケプラーにとって、他の人の意見など、どうでもよかったのですね。

あなたは当たり前に今、地球は宇宙の中心ではなく太陽の周りを回っていることを知っていますよね。しかし、この事実が正式に教会で認められたのは２００８年12月21日です。ケプラーが地動説を信じて計算をした時代から４００年も経っているのです。

自分の中の光を見つめて

私たちが生きている社会は、「多くの人が支持する意見が正しい」という暗黙の了解があります。でも、それが事実だとは限りません。今、正義だと思うことも、時代が変われば悪になることもあります。科学は日進月歩ですから、１００年後には「昔の人はそんなことを信じていたのか」と笑われる時代がくるかもしれません。

私はいつも「真実とは何か？」「こうでなければいけないことなんてあるのか？」と自分自身に問いかけています。

実際、最新の宇宙論ではとても不可思議な結果が出てきます。宇宙は膨張し、時間と空間が一緒に作られ、ブラックホールの近くでは時間がゆっくり進みます。宇宙は何次元もあり、果てがありません。そんな想像もつかない世界にあなたは生きています。

それを知って周りを見ると、何かにとらわれて新しいことを受け入れないこと。人の意見ばかり気にして思ってもいないことに同意してしまうこと。真実が何かを考えないで日々過ごしていくこと。それは、ひょっとしたら自分がこの世界に生きていく中で、足かせになっていることなのかもしれません。

ケプラーのように、世の中すべてが自分と違った考えであっても、自分が正しいと思うことを信じてみてもいいのではないでしょうか。自分の人生なのですから、自分の中の真実を信じてあげれば良いだけのこと。

もしもあなたが自分の心に嘘をついてしまうことがあれば、ちょっとだけでも自分の中の真実に耳を傾けてみてください。

宇宙を解き明かす

クリスマスの星

毎年12月25日クリスマスのころ、太陽が沈んだ後の西空に十字架に並んだ星が輝きます。地平線の上に十字架が立つように見えるため「クリスマスの星」と呼ばれます。このクリスマスの星は、はくちょう座の北十字星。はくちょう座は夏の星座の星で、8月中旬に見ると宵空北東の空高く翼を広げて飛んでいく白鳥の姿に見えます。

星座はその形に見えないものも多いのですが、はくちょう座は本当に綺麗な星座です。しっぽの星がデネブ、デネブからお腹の星がサディル。サディルから両側に翼の星を広げたら、お腹に戻り、今度は白鳥の長い首の星をたどってくちばしの星アルビレオを繋いだら北十字星のできあがり。

季節がめぐるとはくちょう座は次第に西の空に沈んでいくように見え、ちょうどクリスマスのころ宵空に北十字星が地平線の上に立って見えるのです。まるで白鳥が翼を休めるために地平線に舞い降りるよう。クリスマスの夜に、地平線の上に立つ星の十字架は本当に素敵です。

ところでクリスマスと言えば、クリスマスツリーのてっぺんに輝く星の名前を知っていますか？

あれは「ベツレヘムの星」と言います。ベツレヘムの星というのは、イエス・キリストの誕生を祝うため東方の三人の博士を導いた星です。

聖母マリアは、ベツレヘムという町の馬小屋でイエス・キリストを生みました。イエス・キリストが馬小屋で誕生した直後、夜空にとても明るい星が見えました。その明るい星を見たカスパール、メルヒオール、バルタザールの三人の博士はユダヤの王様が生まれたことを知ったのです。三人の博士はその明るい星に導かれ、ベツレヘムまでの道のりを進みました。そして馬小屋にたどりつくと、幼子イエスに贈り物をささげて誕生を祝いました。

聖書に書かれているこのベツレヘムの星とはどの星を指していたのでしょう？

今まで多くの天文学者がベツレヘムの星の正体を突き止めようとしてきました。たとえばドイツの天文学者ヨハネス・ケプラーは、明るい惑星が近づき一つのように見えた「惑星の会合（かいごう）説」を唱えました。ケプラーは得意の天文計算により紀元前7年に木星と土星が近づいたことを発見したのです。明るい惑星がさらに合体したように並んだため、大変明るく目立ったに違いないと考えたのです。

また、夜空に突然現れた彗星ではないかという説もあります。

彗星は惑星よりも大きく細長い楕円軌道を描いて太陽系を飛んでいます。そのため惑星よりもずっと長い周期で飛んでくるため、定期的に明るい彗星が何度も見られるわけではありません。

しかし時には地球に近づき、夜空の中で大変明るく輝いて見えることがあります。尾を引いて夜空に見える彗星は昔の人にとっては不気味な星だったことでしょう。

さらに「超新星ではないか」という説もあります。超新星とは年をとった星が最期に大爆発を起こし、夜空で一時的に明るく輝く天体です。過去、非常に明るい超新星が現れたという記録がいくつか残っています。

しかし残念ながら、ベツレヘムの星が実際は何だったのかは未だに謎のままです。

まだまだ宇宙は謎だらけ

天文学は人間が最初に獲得した学問と言われています。人々は夜空を見上げ、そこに何か意味があると考えました。たとえば惑星の火星はその赤い色から戦いの神マルスの名前が付けられました。火星は星空の中をいったりきたりするように見えるため、この動きを不吉に感じていた昔の人々は火星が現れると天変地異や戦争が起こると信じていました。

本当は地球も火星も太陽の周りを公転し、スピードが速い地球が外側の軌道をめぐる火星に近づいて追い抜くだけなのですが、地球から見ると火星がいったりきたりするように見えるのです。

当時は地球が宇宙の中心だと考えられていたので、火星の動きが説明できず、不気味に感じて戦争と結びつけていたのですね。さらに火星よりも不気味な彗星は、近年まで謎の天体でした。


ハレー彗星という彗星は約76年周期で太陽の周りを回っている彗星で、一生に1回は見ることができそうな彗星です。今では彗星のメカニズムがわかっていますが1910年に地球に接近したときは、ハレー彗星のことがよくわからなかったため大変なパニックが起こりました。それは当時彗星の尾の中に有毒なシアンが含まれていることが発見されていたからです

1910年のハレー彗星は地球にかなり接近する軌道で、尾の中に地球が入ってしまうと予想がでました。そうなると地球に有害なシアンガスが降り注ぐことになります。

そのため5分間空気がなくなるとうわさが広がりました。このうわさで人々はパニックになったのです。

このときの人々はどうしたと思いますか？　なんと日本ではタイヤのチューブの空気を吸ってその5分を乗り切ろうと、チューブを買い占める人が続出しました。さらにたらいに水を張って、子どもたちが息を止める練習をしていた映像も残っています。

そして、得体のしれないゼムという薬も登場しました。この薬を飲めばなぜか生き残れるというのです。新聞広告まで出たのは本当に驚きですが、とにかく当時は彗星が現れると悪いことが起こると思われていたのです。

あなたは昔のことだから、現代はそんなことはないと笑うかもしれませんが、今でも惑星直列が起こると悪いことが起こるなどまことしやかに語られることがありますよね。人類は宇宙の謎を解き明かしていきながらも、理解の及ばないことは今でも恐れを抱きます。今不思議なことも、あと50年後には謎が解き明かされ「昔はそんな風に考えていたんだね」と笑い話になるかもしれません。

今は宇宙大航海時代。少し前までは謎だったブラックホールも重力波も捕らえることができました。ひょっとしたら明日、新しい大発見があるかもしれません。あなたの生きるこの宇宙はなんておもしろいのでしょう。

私の世界をちょっと良くする方法

子どもでも、大人でも

私のミッションの一つに「子どもたちに星の話をする」ということがあります。

きっかけはある校長先生でした。子どもたちの自己肯定感が低く、自分や友達の命を大切にできない子どもがいるので、星の話をしてほしいと声をかけてもらったことからはじまりました。一見、子どもたちはみんな元気で楽しく過ごしているように見えますが、実はそれぞれがいろいろな問題を抱えています。まだ自分の世界も狭く、自分自身でどうにもできないことが多い分、大人よりも毎日が大変なのかもしれません。

星の授業では、少しでも子どもたちに自分の世界はもっと広いこと、みんなの命は数十億年かけて星のカケラが集まり、命を繋いでここにいること、そして、好きなことをいっぱい作り、毎日を大切に楽しんでほしいことなどを話しています。

ある年のことです。星の話が終わって校長室で校長先生と話をしていると、高学年の男の子が二人やってきました。質問があるとのことで、校長先生は喜んで二人を招き入れました。彼ら二人はつぎつぎに星の質問をして、私の答えを熱心に聞いていました。私は「この二人は将来、天文関係の仕事につくかもしれないな」と思いながら楽しんで話をしていました。やがて彼らは挨拶をして、校長室を出ていきました。

私が「良い子どもたちだったな」と思っていると、この様子を見ていた先生方が集まってきました。中には涙ぐんでいる先生もいました。理由を聞くと、彼らは学校の中でも問題を抱えていた生徒で、挨拶をすることもなく先生方も扱いに困っていたとのこと。星の話をしている姿は好奇心いっぱいのかわいい男の子たちでしかありませんでした。

日本の子どもは先進国の中では精神的幸福度がほぼ最下位だそうです。しかし、子どもは大人の姿を見て育つもの。大人から見ると「まだ小学生なんだから、これから頑張れば何でもできる」と思ってしまいますが、子どもは「自分なんて頑張っても仕方がない、世界は何も変わらない」と思ってしまいます。でも、これは私たち大人のせいかもしれませんね。大人が夢を持って毎日を楽しく過ごしていれば、子どもたちもきっと好きなことに自信をもって毎日を輝かしく生きることができるはず。

誰でも毎日過ごしていると嫌なことがあったり、落ち込んだりすることはあります。失敗すると「もう取り返しがつかない」、「今から頑張っても遅い」と思うこともあるでしょう。

大人になるとなおさら「ここまで来たのだから変われるはずがない」と思ってしまいます。でも本当にそうなのでしょうか？　小学生の子どもたちが、すでにあきらめている姿を見てあなたは「まだまだこれからなのに」と思うでしょう？　大人になったら、もう変わることができないのでしょうか？

いいえ、人はいつでも変われるし、自分の人生を良くしていくことができるのです。それを止めているのは自分なのです。自分を否定する自分から離れて、一歩踏み出し新たな世界を作るのも自分なのです。そうすれば世界が変わるのです。自分は何も変えられない、自分なんて……と思う気持ちが結局は何も変えられないのです。

私は小さなころ、何も変えられないと思っていました。人前でしっかり意見を言うことも、恥ずかしがって言えない子どもでした。そんな自分が嫌でした。天文学という大きな学問に出会い、宇宙を知ることで私がここにいる価値を見出しました。

星が好きでプラネタリウム解説員になると、人前で星の話をすることが大好きになりました。5人の前でも話をすることが苦手だった私が、500人の前でも話ができるようになりました。教室の片隅で、一人本を読んでいた少女が、みんなの環の中心で笑えるようになりました。人はいつでも、変われると実感しました。

天文学が教えてくれたこと

今を生きる人々の命はすべて数億年前から続いてきた命。そう思うと、すべての人はなんてすごいのだろうと思います。この世界に価値のないものなどないと思えます。それと同時に、人と争ったり、自分を卑下したりしながら生きることは、46億年かけて繋いできた命に対して、なんともったいないことと思えます。

永遠ともいえる宇宙の中のほんのひと時しか私たちは生きることができません。どんなに頑張っても、どんなに争ってもやがて地球はまた宇宙の中の小さなチリに帰っていくのです。だからこそ、今が大切なのです。あなたも私も宇宙の中の一員。必ず宇宙の中で、意味があってここにいる存在です。

もしも地球が宇宙の中でただ一つの生命を持った星だとしたら、その貴重さはどれほどのものでしょう。

そんな風に考えると、世界はちょっとだけ色鮮やかで素晴らしい世界に見えてきませんか？

そしてあなたはこの世界で生きる価値がある存在だと思えてきませんか？

宇宙を知り、地球の素晴らしさを知る人が多くなればなるほど、世界はちょっぴり良くなるはず。私は、天文学を知ることで世界は変わる、と信じています。子どもたちにも大人にもあなたにお話してきたことを伝え続けていきたいと思っています。

おわりに

あなただけのプラネタリウムはいかがでしたか？

長い時間をかけて星や宇宙の話をしてきましたが、宇宙は本当に広く、そこにまつわる話もまだまだ無限にあります。

あなたが上を見上げれば、いつでも星空が広がっています。


青空の中に浮かぶ雲も。

細い月と並ぶ1番星も。

古代神話に彩られた星座も。

遠い宇宙へ続く夜空も。


みんな新しい世界へあなたを連れていってくれるはず。

あなたの身の回りの世界は美しい風景であふれています。

もしも落ち込んだ日や辛い日があったら、美しい風景を思い出してください。

そんな風景が多く心にたまるほど、あなたの人生は豊かになるはずです。

あなたが心の中にためていった美しい地球の風景は何よりあなたの心を包んでくれます。


この本を手にとってくださったあなたに会えて、本当に良かったです。

これからも上を見上げ、あなたらしく毎日を楽しんでくださいね。


そしてまたいつか出会えたら嬉しいです。


もう時間ですね。

それでは、ゆっくりおやすみなさい。

主要参考文献

『COSMOS（上・下）』（著：カール・セーガン、訳：木村繁、朝日新聞出版）
『数学で宇宙制覇』（著：桜井進、海竜社）
『春の星座博物館』（著：山田卓、地人書館）
『夏の星座博物館』（著：山田卓、地人書館）
『秋の星座博物館』（著：山田卓、地人書館）
『冬の星座博物館』（著：山田卓、地人書館）
『星と伝説』（著：野尻抱影、偕成社）

『小学館の図鑑ＮＥＯ　星と星座』（小学館）

『小学館の図鑑ＮＥＯ　宇宙』（小学館）

『天文年鑑　２０２４年版』（編：天文年鑑編集委員会、誠文堂新光社）

『星座の見つけ方と神話がわかる　星空図鑑』（著：永田美絵、写真：八板康麿、成美堂出版）

『美しい星座絵でたどる　四季の星座神話』（著：沼澤茂美・脇屋奈々代、誠文堂新光社）

国立科学博物館　宇宙の質問箱

https://www.kahaku.go.jp/exhibitions/vm/resource/tenmon/space/index.html

Ｐ16、Ｐ68、Ｐ114、Ｐ162は国立天文台の資料をもとに作成

https://www.nao.ac.jp/gallery/chart-list.html

永田美絵　Mie Nagata

コスモプラネタリウム渋谷のチーフ解説員。キャッチフレーズは「癒しの星空解説員」。2000年よりNHKラジオ第一「夏休み子ども科学電話相談」の天文・宇宙担当回答者を務めている。プラネタリムに限らず様々な場所で講演や星空解説を行い、宇宙の壮大さや地球の美しさを伝え続けている。著書に『星座の見つけ方と神話がわかる 星空図鑑』（成美堂出版）、『カリスマ解説員の楽しい星空入門』（筑摩書房）、『ときめく図鑑Pokke! ときめく星空図鑑』（山と渓谷社）など。

こころに
そっとよりそう

星空の話

2025年2月10日　第1刷発行
2025年6月 3日　第2刷発行

著者　永田美絵
装丁　アルビレオ
装画　斉藤知子
発行人　永田和泉
発行所　株式会社イースト・プレス
〒101-0051
東京都千代田区神田神保町2-4-7 久月神田ビル
Tel 03-5213-4700／Fax 03-5213-4701
https://www.eastpress.co.jp
印刷所　中央精版印刷株式会社

ISBN978-4-7816-2427-3
本作品の情報は、2025年1月時点のものです。
情報が変更している場合がございますのでご了承ください。